놀이로 배우는 초등 첫공부
이렇게 하는 거야
동전 지폐
KB006266

지은이 **엄예정(예정샘)**
두 아이의 엄마이자 12년 차 중학교 과학교사입니다.
현재 네이버 블로그 '택이네이야기'를 운영하며 '놀공법 전문가', '학습루틴 전문가' 등 교육 인플루언서 활동을 하고 있습니다. 블로그에 다양한 초등 교육 및 자녀 교육에 대한 글을 연재하고 있으며 지은 책으로는《노는 만큼 배우는 아이들》이 있습니다.

놀이로 배우는 초등 첫 공부
이렇게 하는 거야
동전 지폐

초판 1쇄 발행 2024년 3월 25일

지은이 엄예정
펴낸이 김영조
편집 김시연 | **디자인** 이병옥 | **마케팅** 김민수, 조애리 | **제작** 김경묵 | **경영지원** 정은진
일러스트 여승규, 셔터스톡 | **외주디자인** 권규빈
펴낸곳 싸이클 | **주소** 서울시 마포구 양화로7길 44, 3층
전화 (02)335-0385/0399 | **팩스** (02)335-0397
이메일 cypressbook1@naver.com | **홈페이지** www.cypressbook.co.kr
블로그 blog.naver.com/cypressbook1 | **포스트** post.naver.com/cypressbook1
인스타그램 싸이프레스 @cypress_book1 싸이클 @cycle_book
출판등록 2009년 11월 3일 제2010-000105호

ISBN 979-11-6032-223-1 63410

머리말

어릴 때부터 필요한 경제 교육, 가정에서 시작하세요. 살면서 돈이 필요 없는 사람은 아무도 없습니다. 그렇기에 자녀에게 돈에 대해서 알려 주고 올바른 경제 관념을 심어 주는 일은 매우 중요합니다. 현대 사회를 살아가는 데 돈의 개념과 중요성을 인식하는 것을 필수니까요.

아이들은 설날이나 생일 같은 특별한 날이면 부모님이나 조부모님 등 주변 사람으로부터 용돈을 받습니다. 이때 아이들은 천 원짜리부터 크게는 오만 원까지 다양한 화폐를 접하게 됩니다. 받은 용돈으로 필요한 물건, 갖고 싶었던 장난감을 사는 데 돈을 씁니다. 선생님이나 부모님한테 배운 대로 저금을 하는 아이도 있지요.

돈을 벌고, 알맞게 쓰고, 저축이나 투자 또는 기부하는 모든 활동을 금융이라고 부릅니다. 쉽게 말하면 금융은 돈과 관련된 모든 활동이지요. 아직 어른처럼 돈을 벌지 못하지만 아이들도 금융 활동을 하고 있는 셈입니다. 금융 활동에서는 돈을 꼭 필요한 곳에 쓰고 적절하게 저축하며 때로는 투자할 수 있는 능력과 태도가 필요합니다.

이 책을 통해 돈의 개념을 익히고, 물건을 살 때 값을 맞게 내는 방법까지 익히며 금융 활동의 기초가 될 경제 교육을 시작해 보세요. 《이렇게 하는거야동전 지폐》와 함께라면 경제 공부의 기초인 동전, 지폐 세기와 계산하기를 놀이하듯 쉽게 할 수 있습니다.

❶ 동전 지폐와 친해져요!

돈을 세기 전 동전과 지폐가 무엇인지 알고
친해질 수 있도록 흥미를 이끌어요.

화폐에 어떤 의미와
특징이 있는지 설명해요.

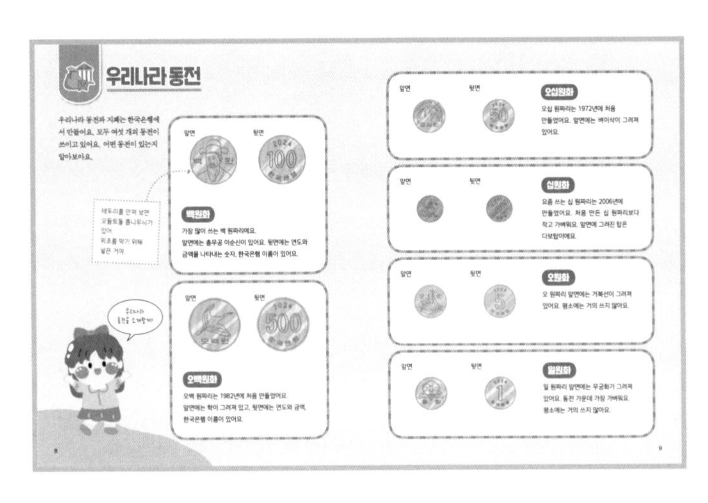

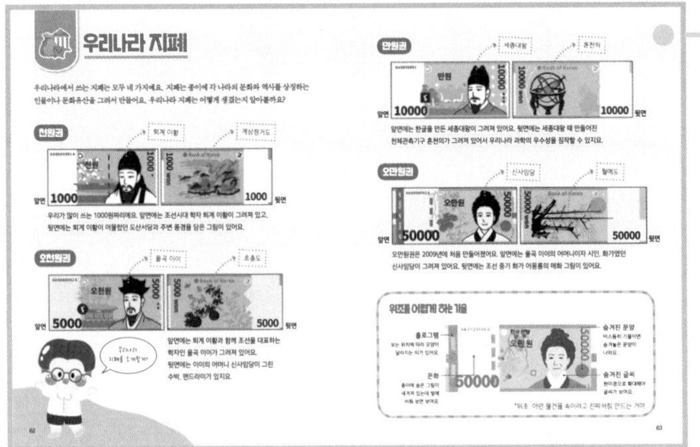

❷ 스티커와 함께 즐겁게 익혀요!

스티커를 붙이면서 동전과 지폐를
재미있게 셀 수 있어요.

지문과 맞지 않게 스티커를 붙여도 지적
보다는 격려해 주세요. 말풍선이나 지문을
수정해 총 금액을 다시 알려 주면 돼요.

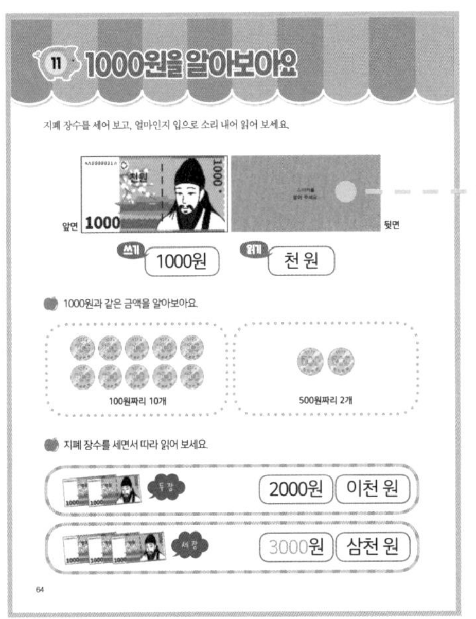

스티커 2장이
들어 있어요.

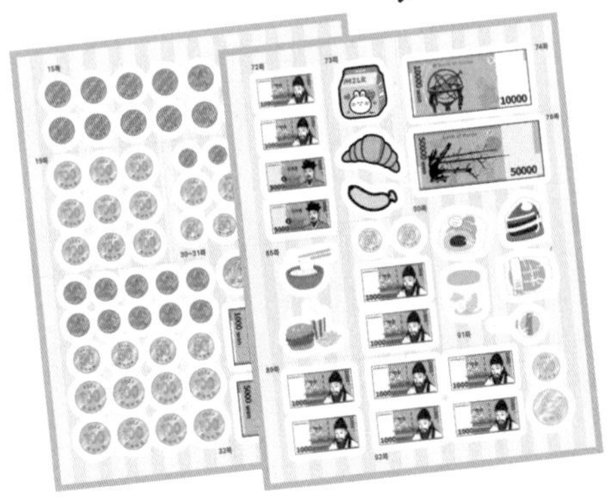

❸ 실제 물가로 금액 감각을 익혀요!

동전과 지폐를 배우는 까닭은 결국 실생활에서 계산을 잘하기 위해서예요. 아이들이 자주 접하는 물건의 금액이나 상황 속에서 접하는 비용을 알아보고, 실제 지불하는 느낌으로 계산해 볼 수 있어요.

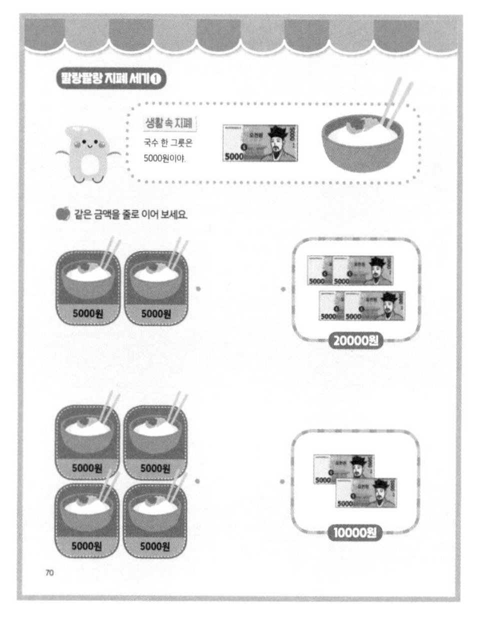

❹ 어린이 경제의 공부 시작!

돈이 왜 필요한지, 어떻게 써야 하는지 배우며 경제 공부를 시작해요.

차례

실생활에서 자주 쓰는 동전을 셀 줄 알아야,
물건 값을 알고 계산할 수 있어요.
금액을 알게 돼 동전을 셀 줄 알면 금액을
알게 돼 경제 관념이 생기고, 계산 능력도
자라나요. 1장에서는 10원부터 500원까지
동전 세는 법을 알아보아요.

우리나라 동전

우리나라 동전과 지폐는 한국은행에 서 만들어요. 모두 여섯 개의 동전이 쓰이고 있어요. 어떤 동전이 있는지 알아보아요.

테두리를 만져 보면 오돌토돌 톱니무늬가 있어. 위조를 막기 위해 넣은 거야.

앞면

백 원

뒷면

2024

100

한국은행

백원화

가장 많이 쓰는 백 원짜리예요.
앞면에는 충무공 이순신이 있어요. 뒷면에는 연도와 금액을 나타내는 숫자, 한국은행 이름이 있어요.

앞면

뒷면

오백원화

오백 원짜리는 1982년에 처음 만들었어요.
앞면에는 학이 그려져 있고, 뒷면에는 연도와 금액, 한국은행 이름이 있어요.

앞면 뒷면

오십원화

오십 원짜리는 1972년에 처음 만들었어요. 앞면에는 벼이삭이 그려져 있어요.

앞면

뒷면

십원화

요즘 쓰는 십 원짜리는 2006년에 만들었어요. 처음 만든 십 원짜리보다 작고 가벼워요. 앞면에 그려진 탑은 다보탑이에요.

앞면

뒷면

오원화

오 원짜리 앞면에는 거북선이 그려져 있어요. 평소에는 거의 쓰지 않아요.

앞면

뒷면

일원화

일 원짜리 앞면에는 무궁화가 그려져 있어요. 동전 가운데 가장 가벼워요. 평소에는 거의 쓰지 않아요.

1부터 10까지는 숫자가 하나씩 커져요. 10부터 100까지 10씩 커지는 수, 100부터 1000까지 100씩 커지는 수를 읽어 보세요.

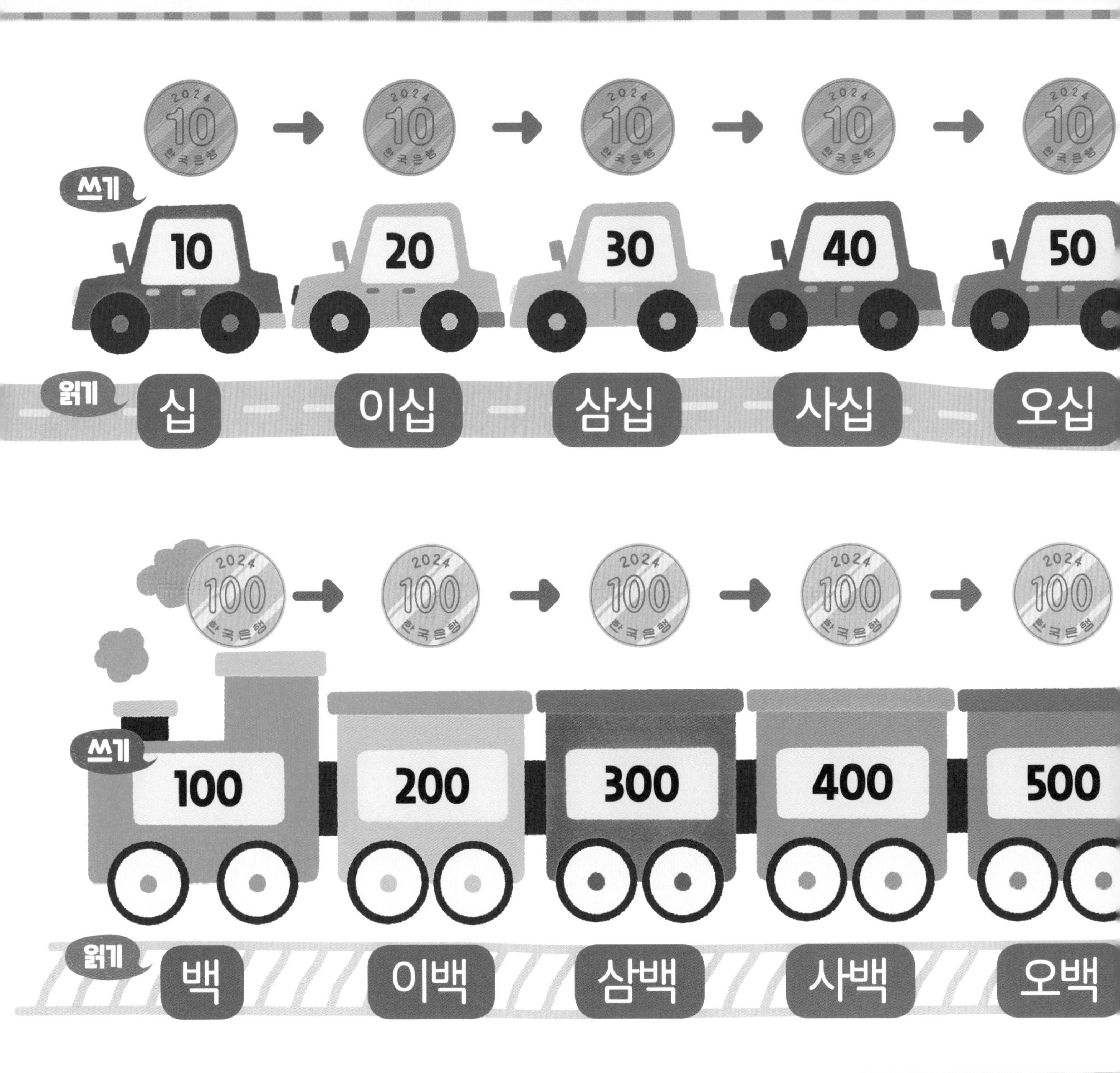

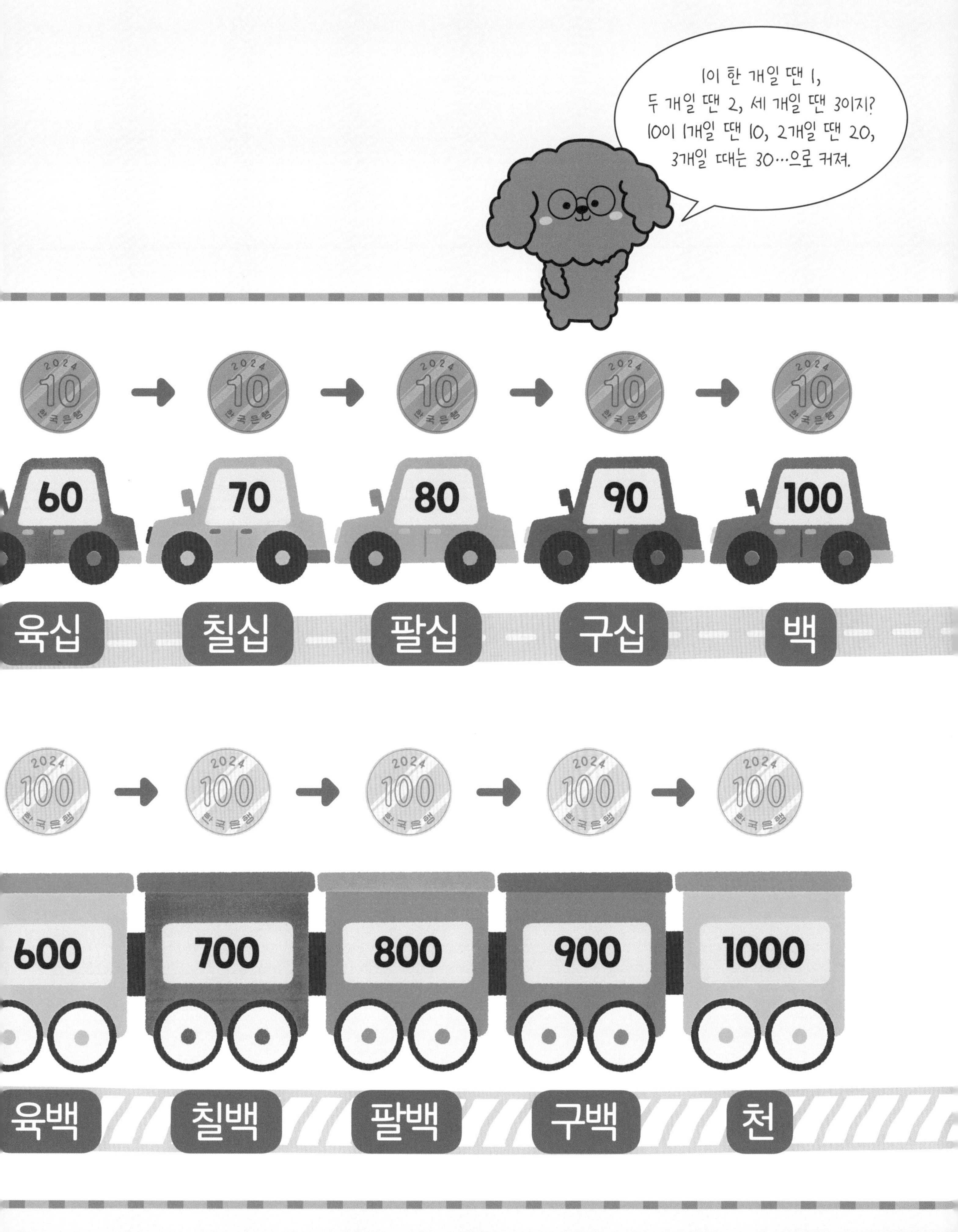
1이 한 개일 땐 1,
두 개일 땐 2, 세 개일 땐 3이지?
10이 1개일 땐 10, 2개일 땐 20,
3개일 때는 30…으로 커져.
60
70
80
90
100
육십
칠십
팔십
구십
백
600
700
800
900
1000
육백
칠백
팔백
구백
천

1 10원을 알아보아요

동전 개수를 세어 보고, 얼마인지 입으로 소리 내어 읽어 보세요.

10원

십 원

앞면 뒷면

10원, 100원처럼 숫자와 '원'은 붙여 쓰고,
십 원, 백 원처럼 한글은 띄어 써.

한 개

10원 십 원

20원 이십 원

30원 삼십 원

40원 사십 원

50원 오십 원

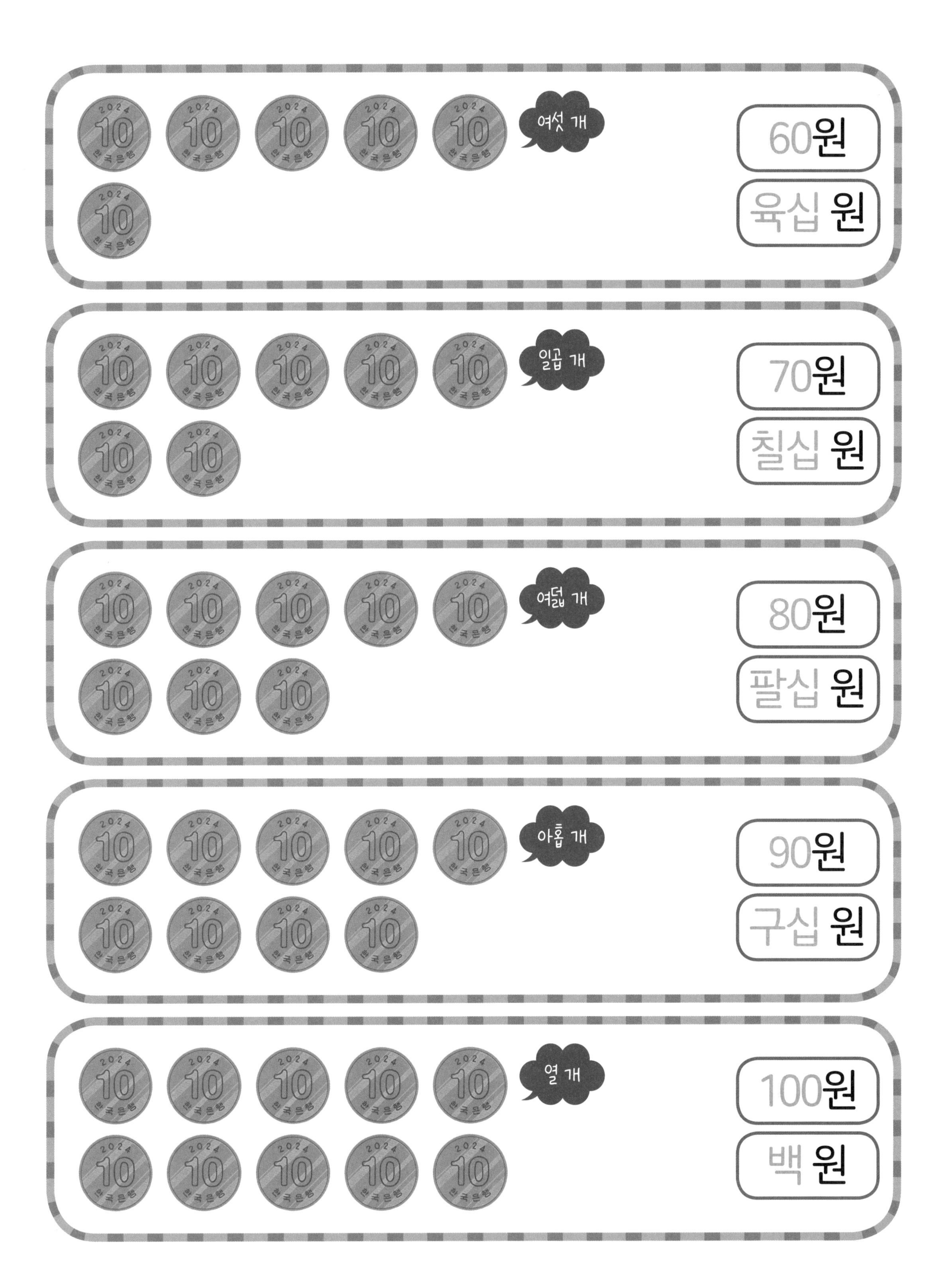
여섯 개
60원
육십 원
일곱 개
70원
칠십 원
여덟 개
80원
팔십 원
아홉 개
90원
구십 원
열 개
100원
백 원

동글동글 동전 세기

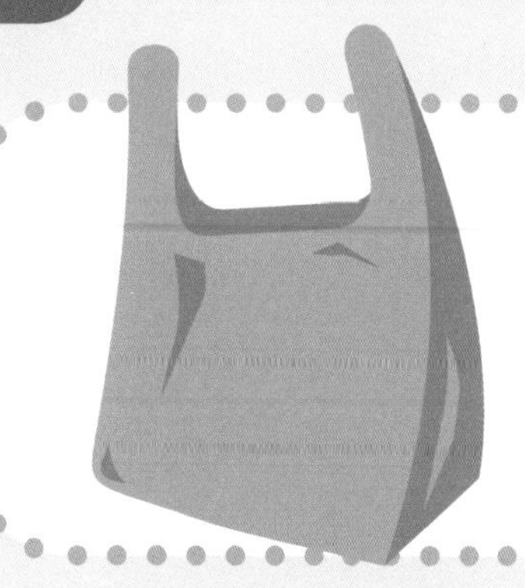

생활 속 동전

검정 비닐봉지 한 장은 20원이야.

지갑에 얼마가 있나요? 바른 금액을 찾아 O표 해 보세요.

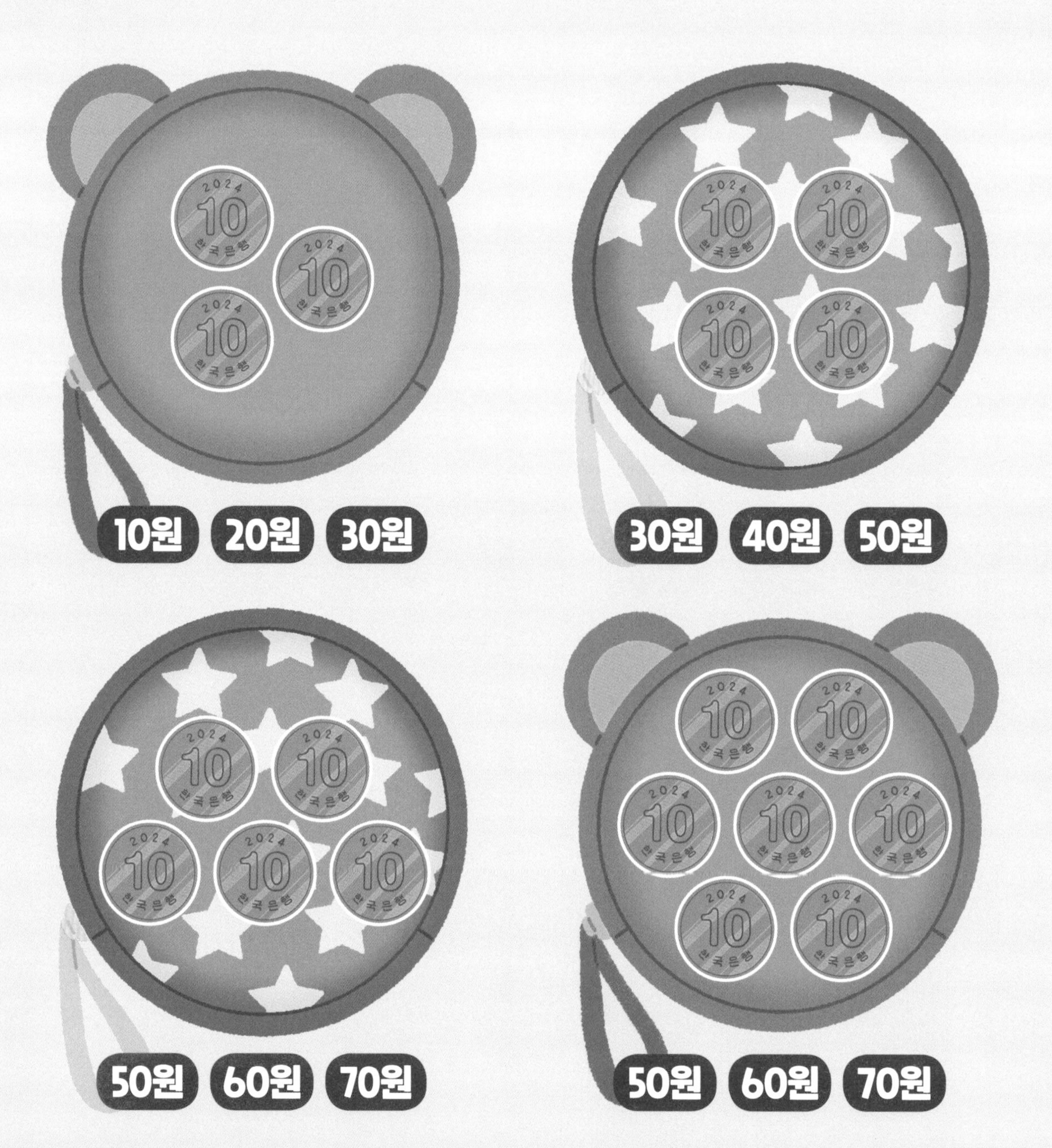

금액에 알맞게 동전 스티커를 붙여 보세요.

돈이 얼마인지 나타내는 것을 '금액'이라고 해.

2 100원을 알아보아요

동전 개수를 세어 보고, 얼마인지 입으로 소리 내어 읽어 보세요.

100원

백 원

일백 원이 아닌 백 원으로 읽어.

100원 백 원

200원 이백 원

300원 삼백 원

400원 사백 원

500원 오백 원

700원

칠백 원

800원

팔백 원

900원

구백 원

1000원

천 원

동글동글 동전 세기 ①

생활 속 동전

풀 1개는 300원이야.

풀 개수를 세어 보고 맞는 금액을 찾아 O표 해 보세요.

100원 200원 300원

500원 600원 700원

700원 800원 900원

저금할 돈에 알맞게 동전 스티커를 붙여 보세요.

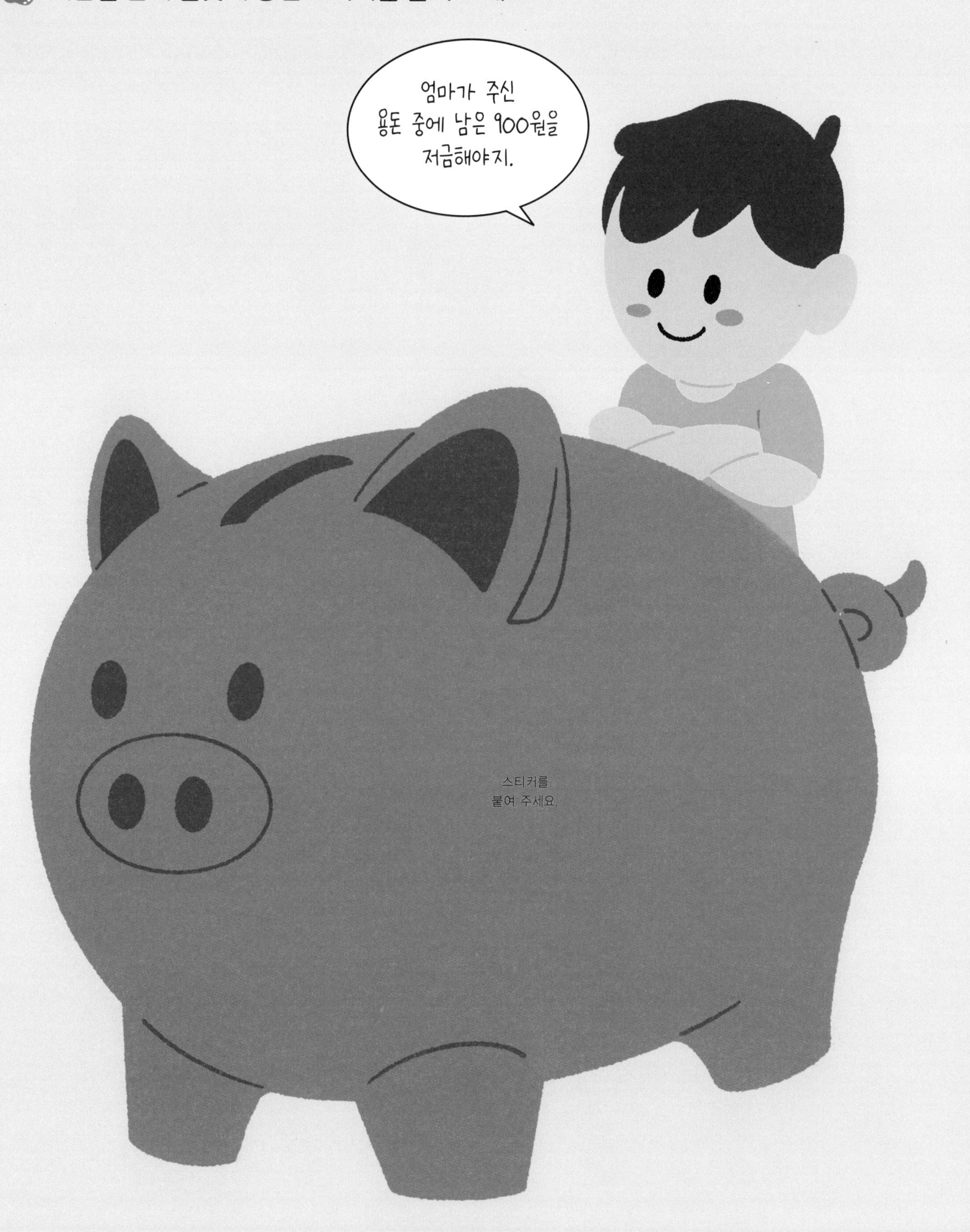
엄마가 주신
용돈 중에 남은 900원을
저금해야지.
스티커를
붙여 주세요.

동글동글 동전 세기 ❷

다음 중 동전이 가장 많이 들어 있는 지갑에 O표 해 보세요.

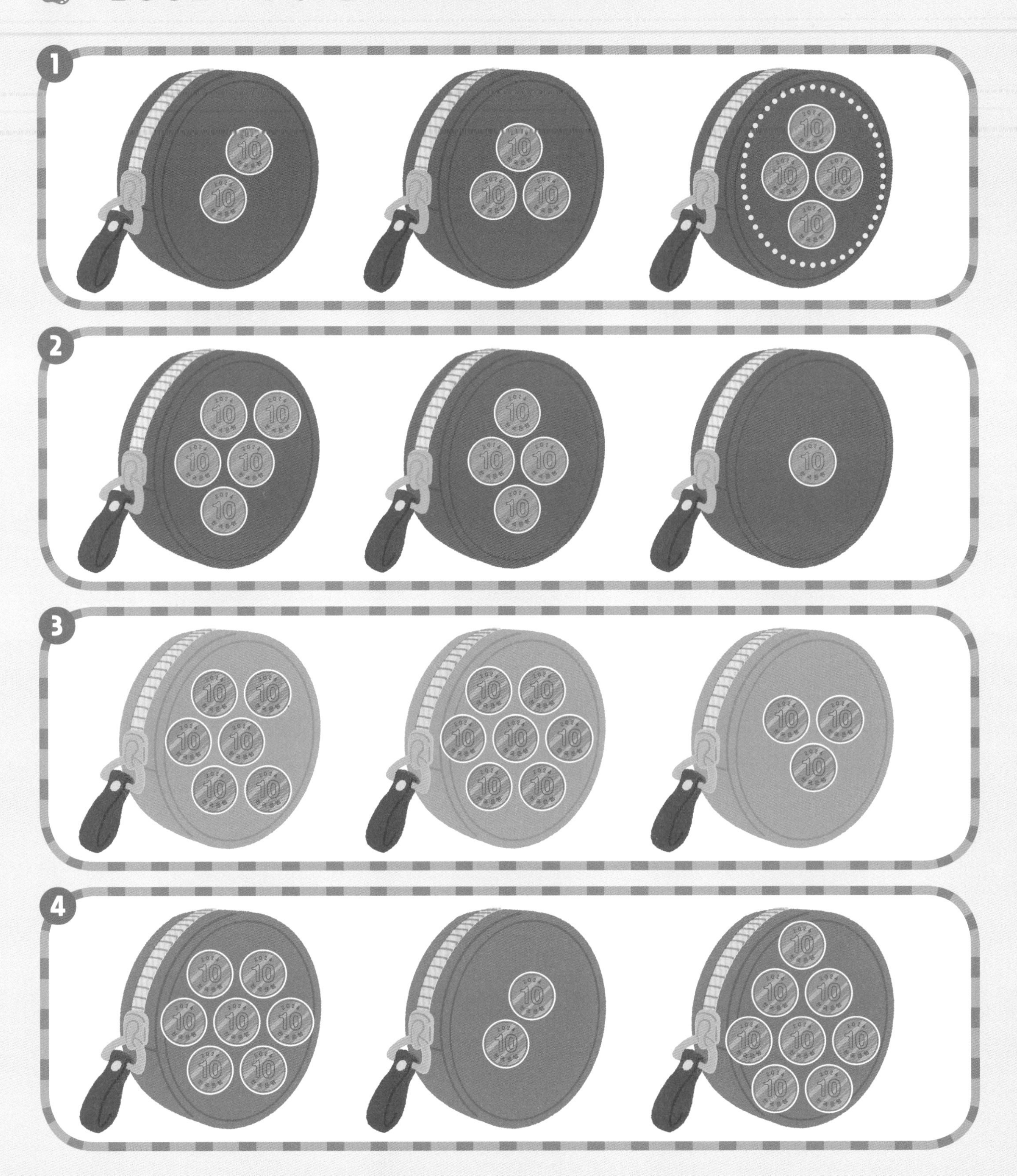

동전 개수와 금액을 알맞게 줄로 이어 보세요.

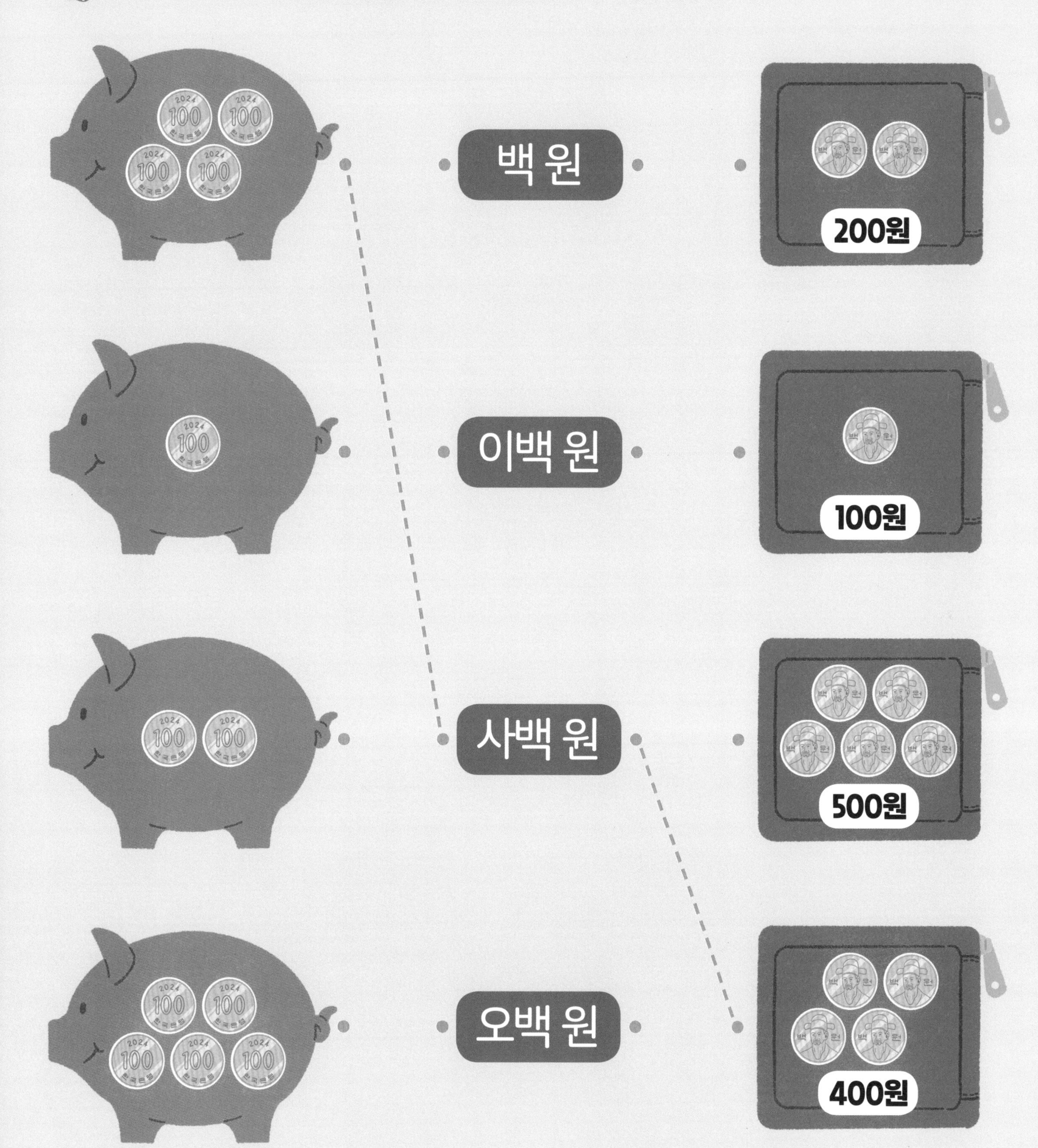

3 50원을 알아보아요

동전 개수를 세어 보고, 얼마인지 입으로 소리 내어 읽어 보세요.

50원

오십 원

50원	오십 원

50원이 2개면
100원이야.

100원	백 원

150원	백오십 원

200원	이백 원

250원	이백오십 원

300원

삼백 원

350원

삼백오십 원

400원

사백 원

450원

사백오십 원

500원

오백 원

동글동글 동전 세기

생활 속 동전

공중전화는
70원이 필요해.

왼쪽에 쓰여 있는 금액만큼 동전을 묶어 보세요.

100원

150원

200원

250원

300원

컵 1개, 공 1개, 인형 1개를 사려면 50원짜리 몇 개가 필요할까요?
필요한 개수만큼 하나씩 지우고 모두 얼마인지 써 보세요.

원

4 500원을 알아보아요

동전 개수를 세어 보고, 얼마인지 입으로 소리 내어 읽어 보세요.

500원

오백 원

한 개 — 500원 — 오백 원

두 개 — 500원이 2개면 1000원이야. — 1000원 — 천 원

세 개 — 1500원 — 천오백 원

네 개 — 2000원 — 이천 원

다섯 개 — 2500원 — 이천오백 원

3000원

삼천 원

3500원

삼천오백 원

4000원

사천 원

4500원

사천오백 원

5000원

오천 원

동글동글 동전 세기

생활 속 동전

뽑기를 하려면
500원이 있어야 해.

뽑기하는 데 들어간 돈은 얼마일까요? O표 해 보세요.

동전 도장 찍기 놀이를 했어요. 500원짜리는 모두 몇 개일까요?

개

5 같은 금액을 알아보아요

빈 곳에 스티커를 붙인 다음 동전이 얼마큼 모였을 때 다른 동전과 같은 금액을 나타내는지 알아보아요.

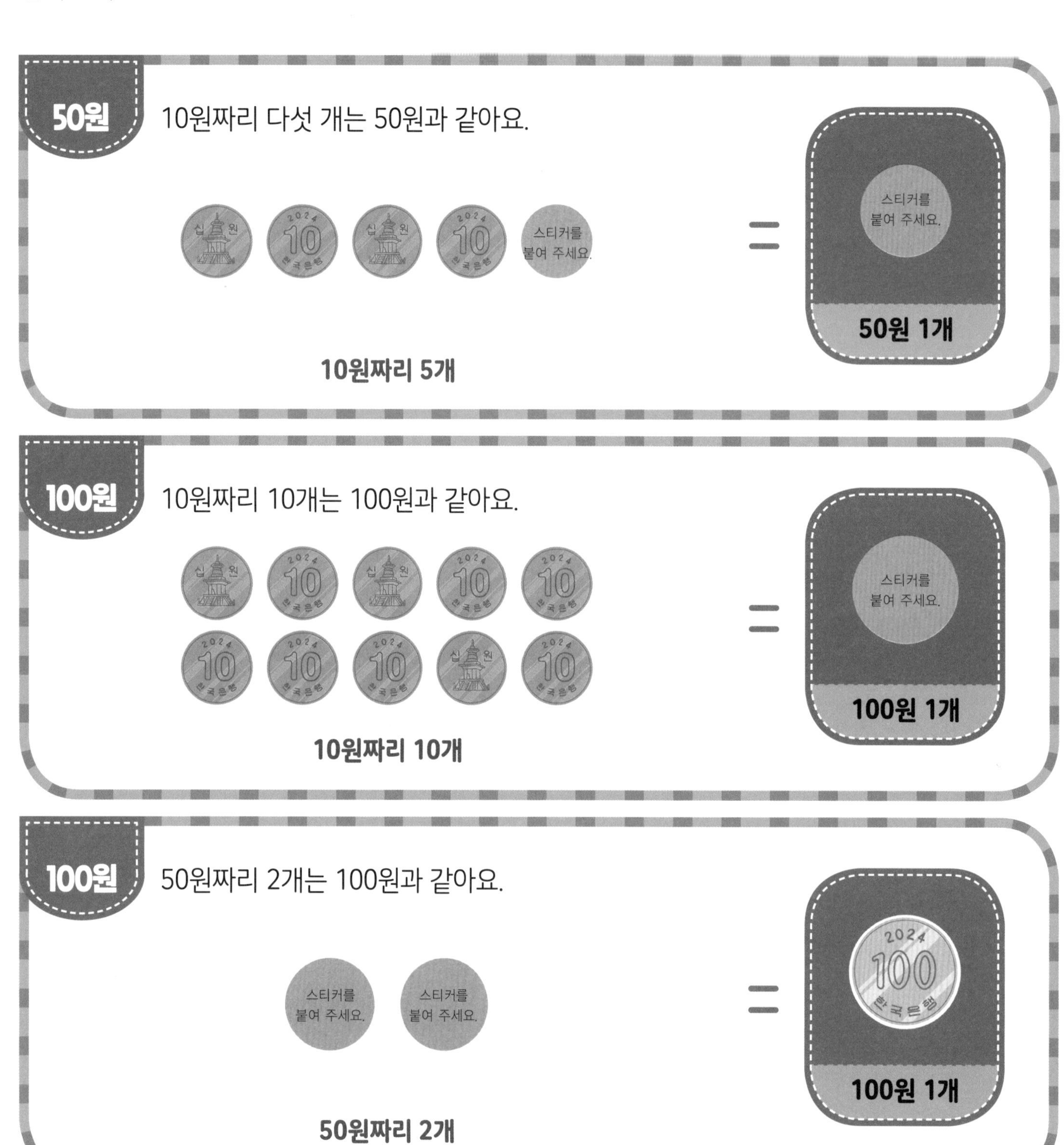

50원
10원짜리 다섯 개는 50원과 같아요.
스티커를 붙여 주세요.
=
스티커를 붙여 주세요.
50원 1개
10원짜리 5개
100원
10원짜리 10개는 100원과 같아요.
=
스티커를 붙여 주세요.
100원 1개
10원짜리 10개
100원
50원짜리 2개는 100원과 같아요.
스티커를 붙여 주세요.
스티커를 붙여 주세요.
=
100원 1개
50원짜리 2개

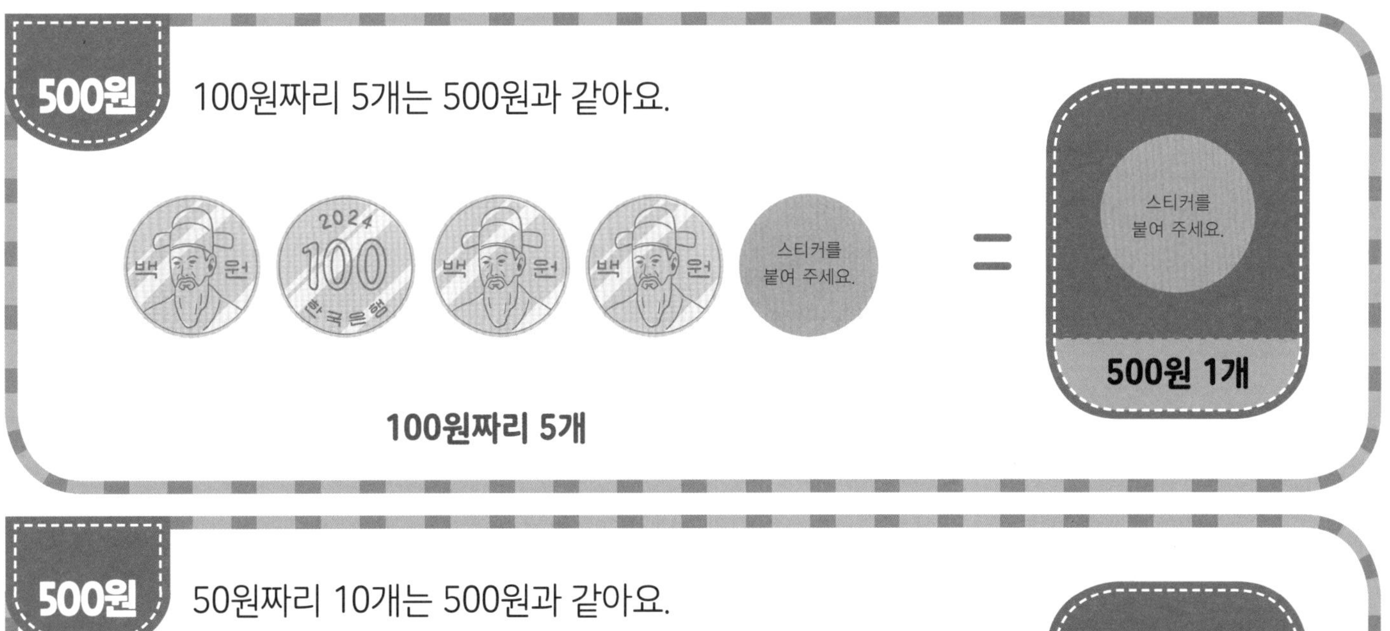

더 큰 금액을 가지고 있는 동물한테 O표 해 보세요.

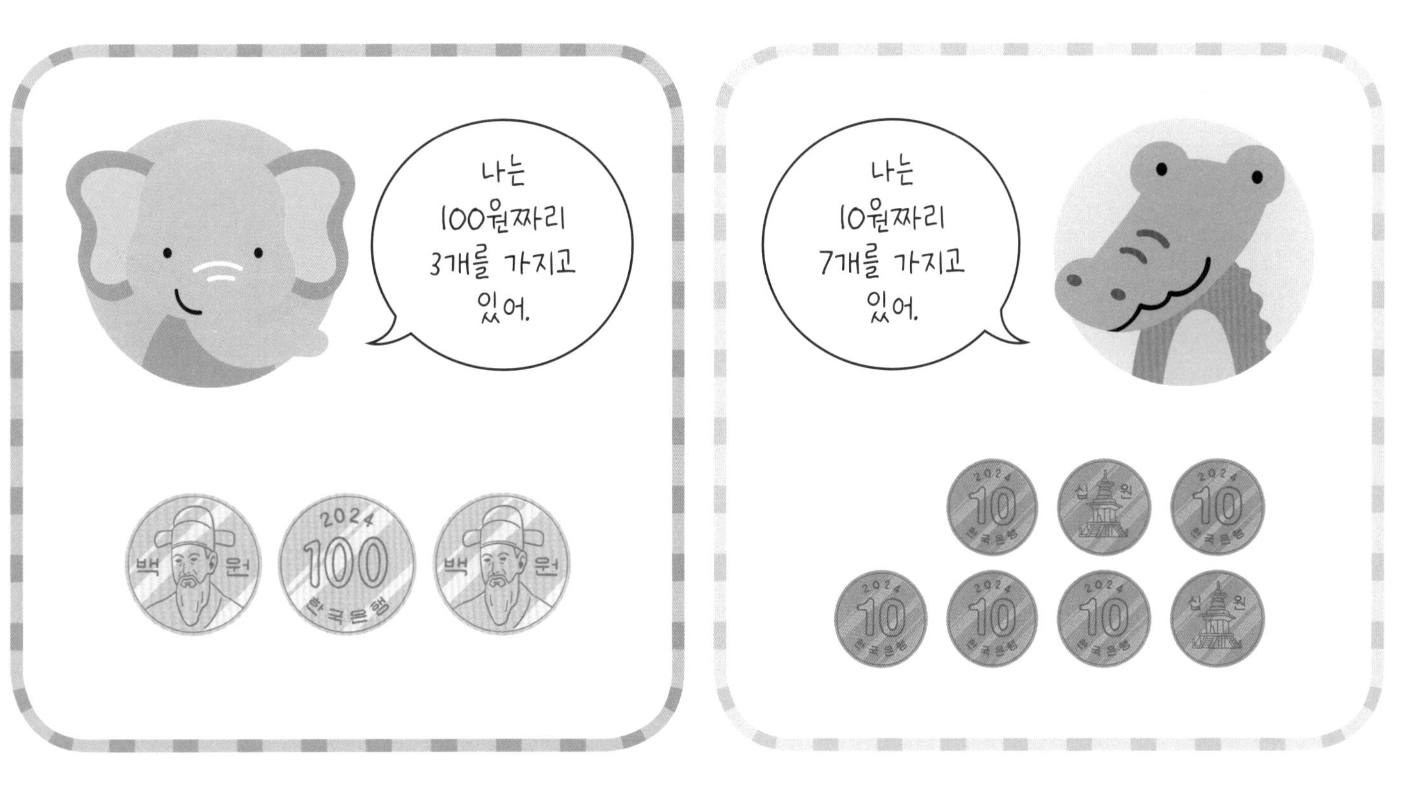

떼구루루 동전 놀이

아래 쓰인 금액만큼 동전 스티커를 붙여 보세요.

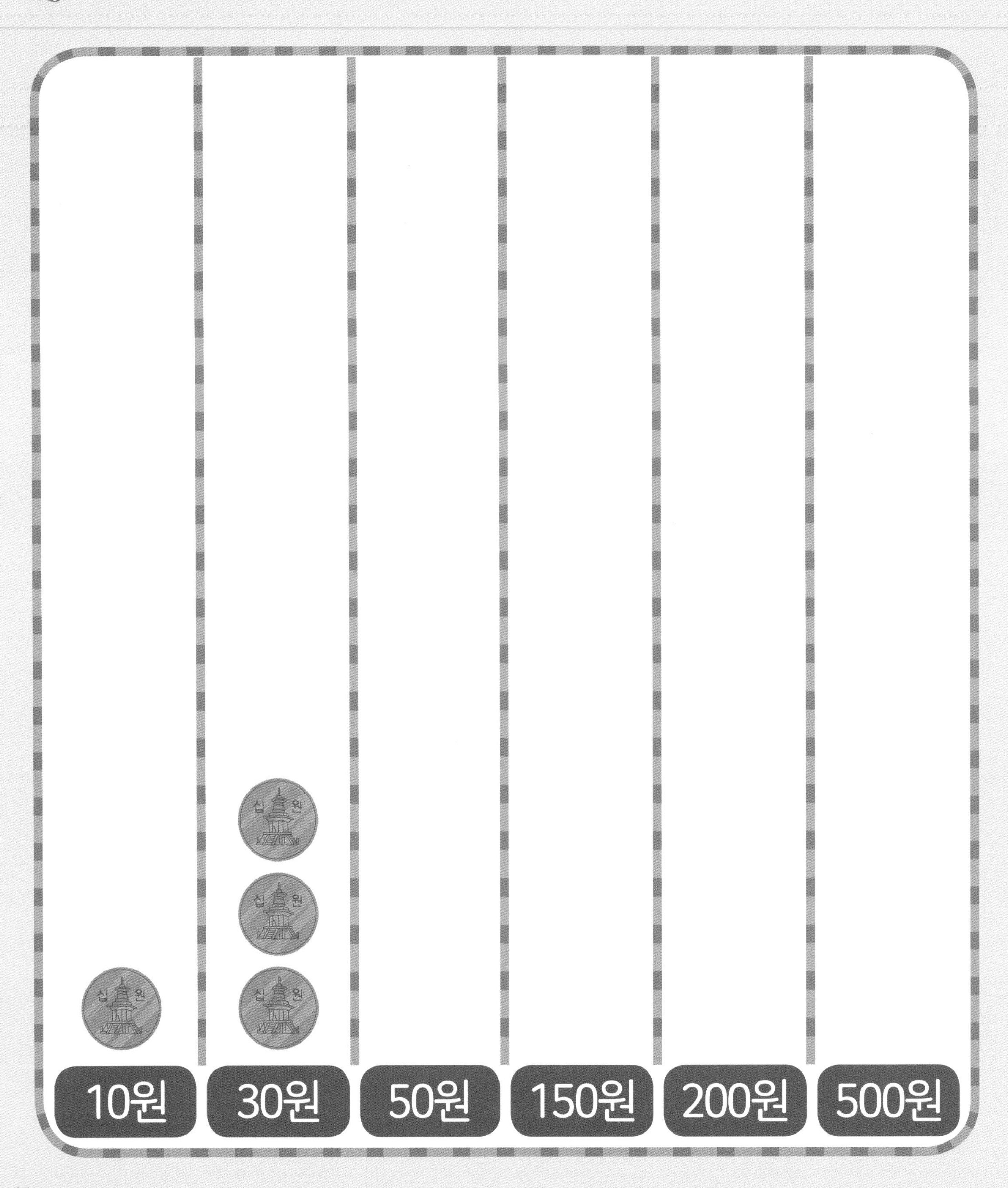

동전 퍼즐 규칙을 잘 살펴보고, 빈칸에 알맞은 동전 스티커를 붙여 보세요.

보기

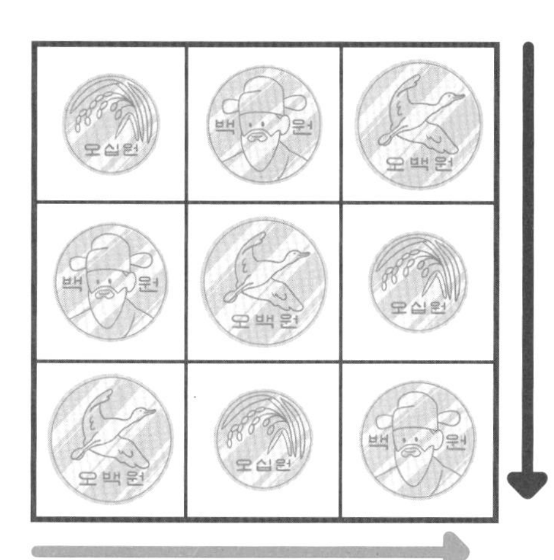

동전 퍼즐 규칙

❶ 가로줄과 세로줄에 50원, 100원, 500원짜리 동전이 각각 한 번씩만 들어가야 해요.

❷ 대각선으로 겹칠 수 있어요.

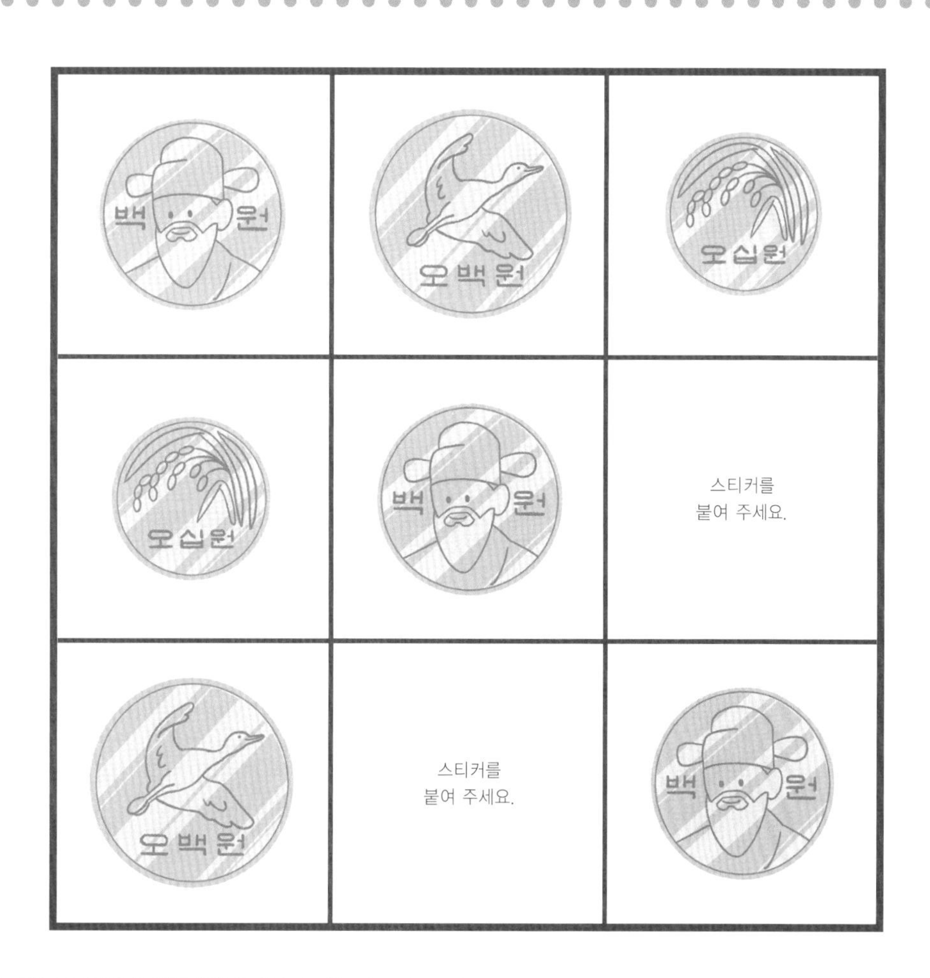

궁금한 돈 이야기

돈은 다른 물건과 바꾸기 위해 만든 동전이나 지폐를 말해요. 하지만 눈에 보이지 않는 의미도 있어요.

동전

지폐

물건의 값도 돈이에요.

재물이나 재산도 돈이라고 해요.

학원비, 놀이동산 입장료, 체험 학습비 등 어떤 활동을 할 때 드는 비용도 돈이에요.

돈을 왜 만들었을까?

옛날에는 물건과 물건을 직접 맞바꾸는 물물교환을 했어요. 하지만 물물교환은 여러 가지 불편한 점이 많아요. 내가 필요한 물건과 상대방이 필요한 물건이 다를 수 있으니까요. 그래서 쌀이나 소금, 조개껍데기 같은 물건으로 바꾸다가, 금이나 은으로 돈을 만들어 쓰기 시작했지요. 시간이 지나면서 오늘날 우리가 쓰는 동전과 지폐가 만들어졌답니다. 그런데 요즘은 신용카드나 전자 화폐도 많이 쓰고 있어요. 미래에는 돈이 또 다른 모습으로 바뀔 수도 있답니다.

신용카드

화폐 단위는 아이들이 배우는 교육과정으로
따지면 초등학교 4학년 내용에 해당합니다. 하지만
실생활에서 여러 가지 동전을 섞어 셀 줄 알고
실제로 계산하다 보면, 큰 수와 큰 수의 덧셈도
자연스럽게 익힐 수 있답니다.

많은 동전도 셀 수 있어요 10원

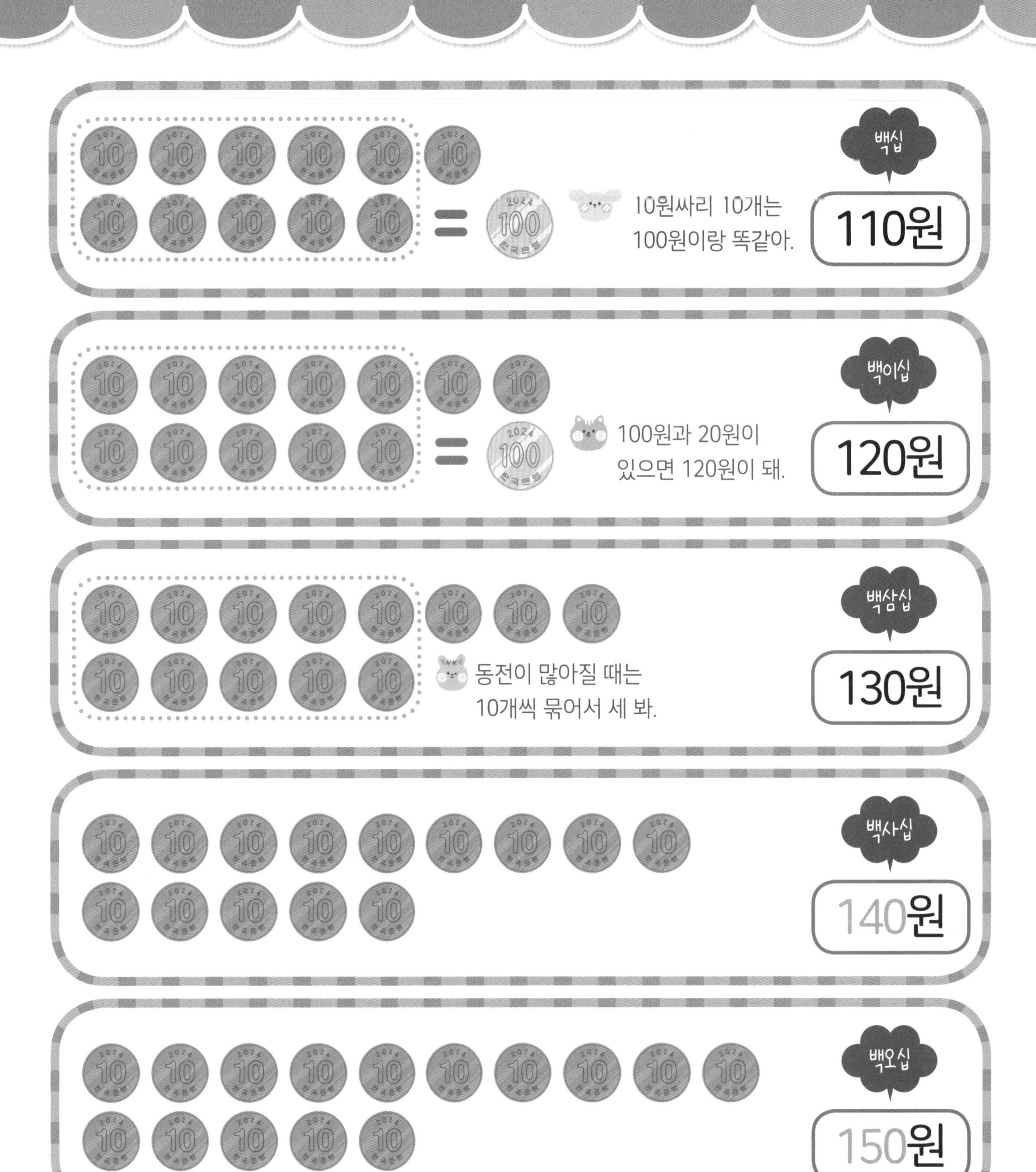

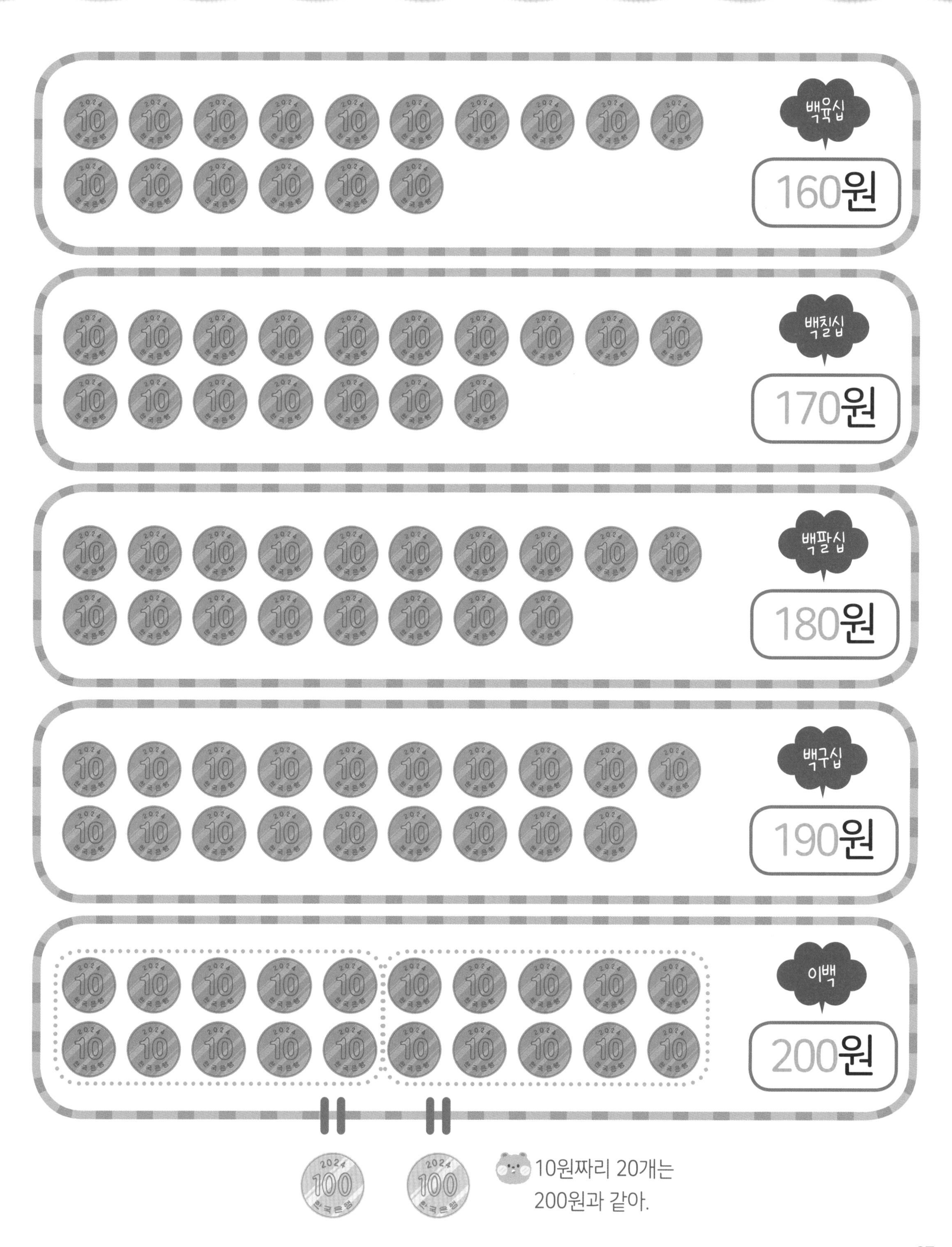
백육십
160원
백칠십
170원
백팔십
180원
백구십
190원
이백
200원
10원짜리 20개는
200원과 같아.

동글동글 동전 세기

같은 금액끼리 줄을 이어 보세요.

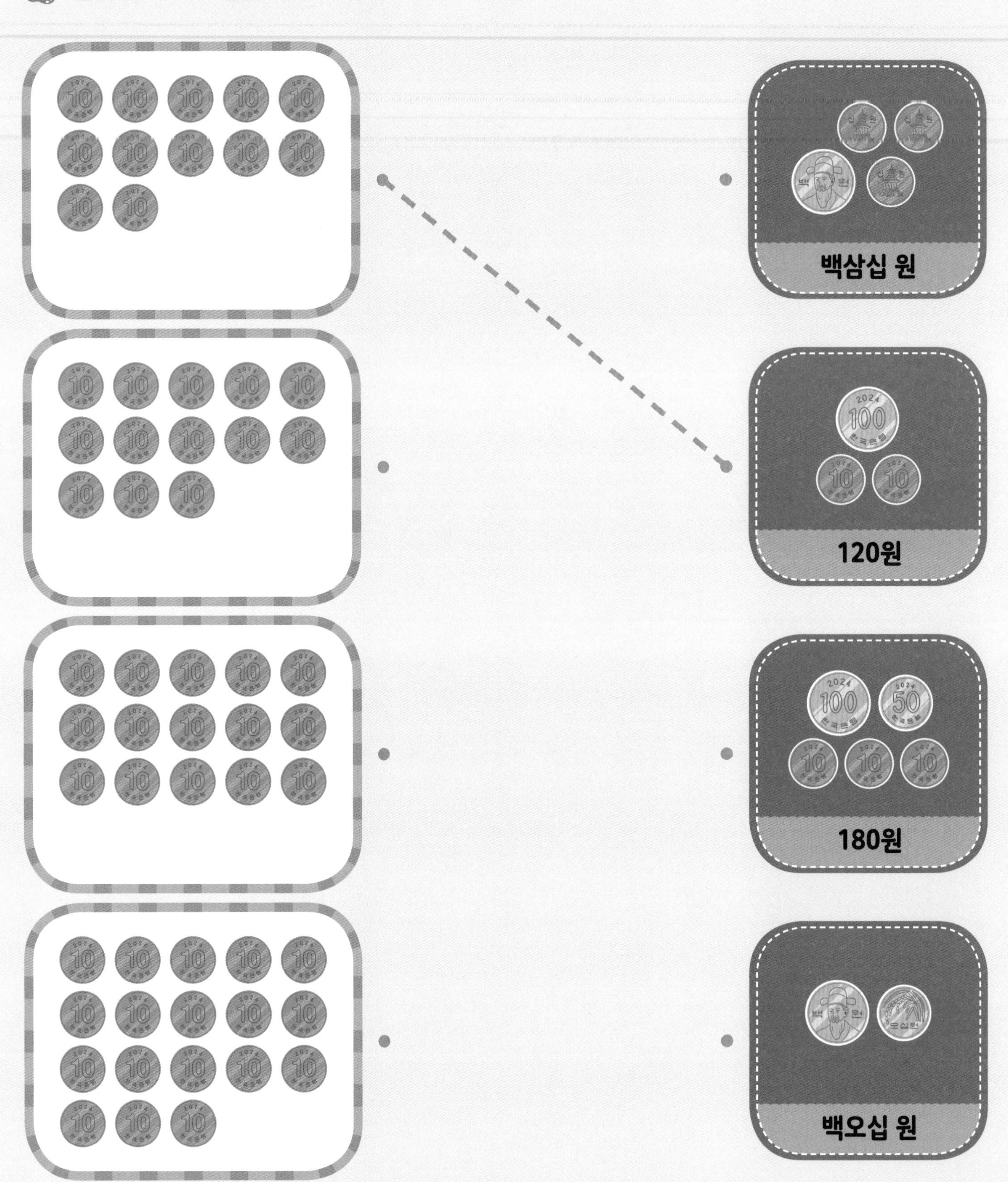

자판기에 있는 주스를 마시려고 해요. 주스를 사려면 10원짜리가 몇 개 필요할까요?
주스를 사야 할 때 내는 동전 개수만큼 / 표시를 해 보세요.

위의 그림을 보고 알맞은 금액에 O표 해 보세요.

우유를 사려면
130원 150원 을 내야 해요.

주스를 사려면 10원짜리 동전
12 15 개를 내야 해요.

7 많은 동전도 셀 수 있어요 50원

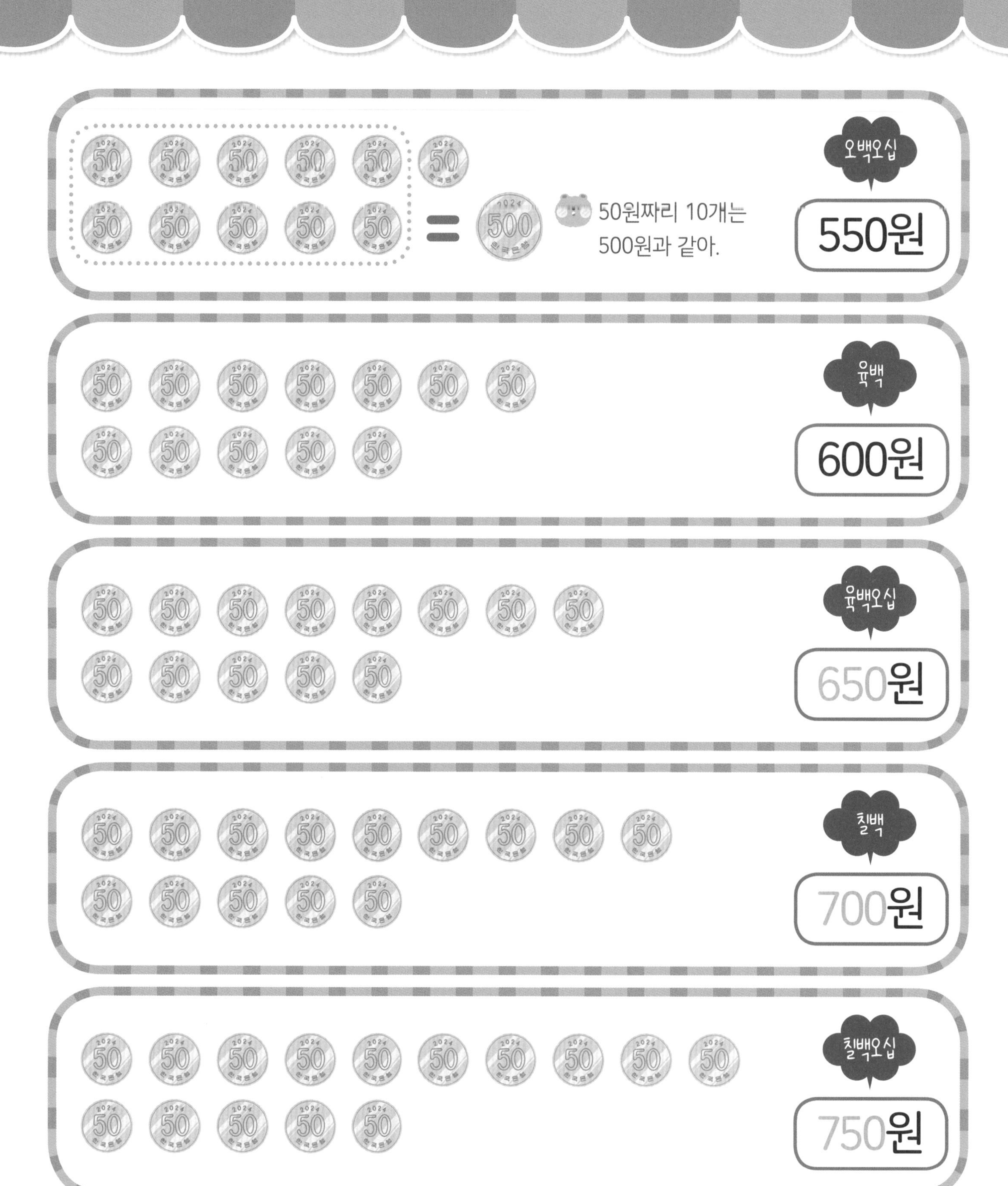

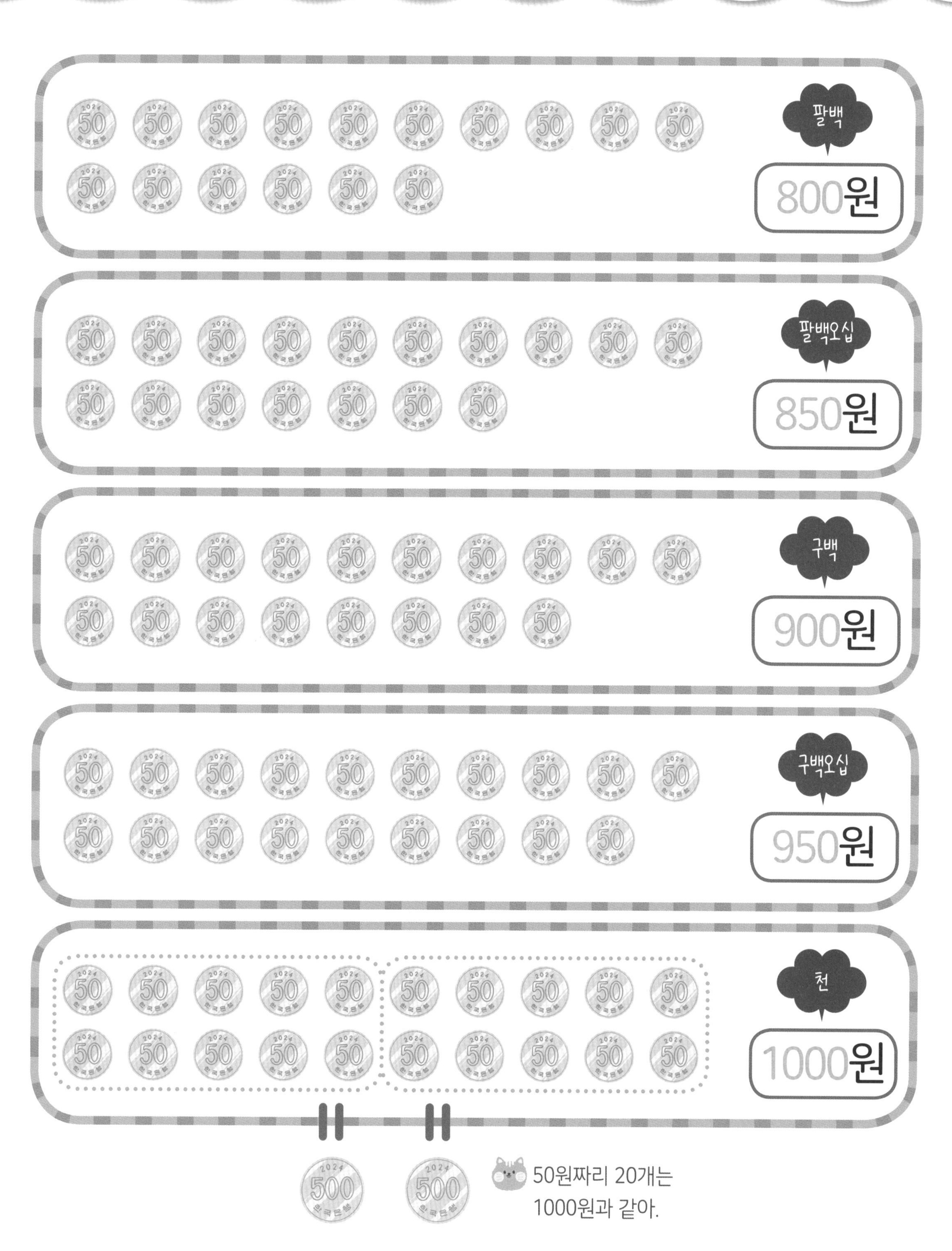
팔백
800원
팔백오십
850원
구백
900원
구백오십
950원
천
1000원
50원짜리 20개는
1000원과 같아.

동글동글 동전 세기

같은 금액끼리 줄을 이어 보세요.

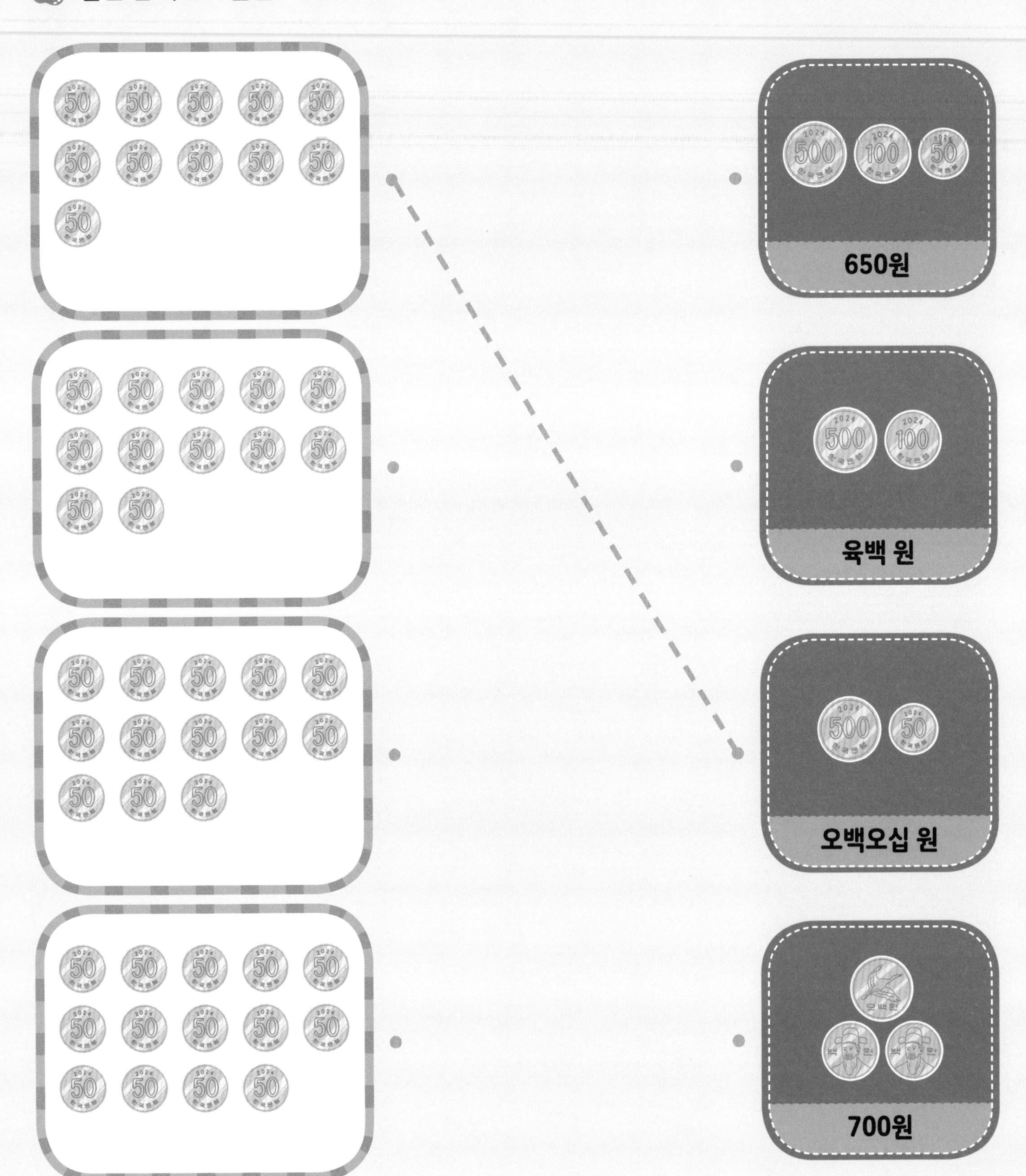

머리핀과 풀을 한 개씩 사려면 키오스크에 50원짜리를 몇 개 넣어야 할까요?
내야 하는 동전 개수만큼 / 표시를 해 보세요.

다음 글을 읽고 알맞은 답에 O표 해 보세요.

풀과 머리핀을 계산하려면 50원짜리 동전 **8개** **9개** 가 있어야 해요.

풀과 머리핀은 모두 **450원** **500원** 이에요.

8 많은 동전도 셀 수 있어요 100원

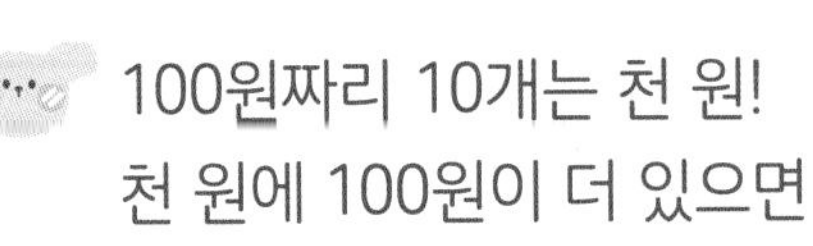

100원짜리 10개는 천 원!
천 원에 100원이 더 있으면
천백 원!

1100원

1200원

1300원

1400원

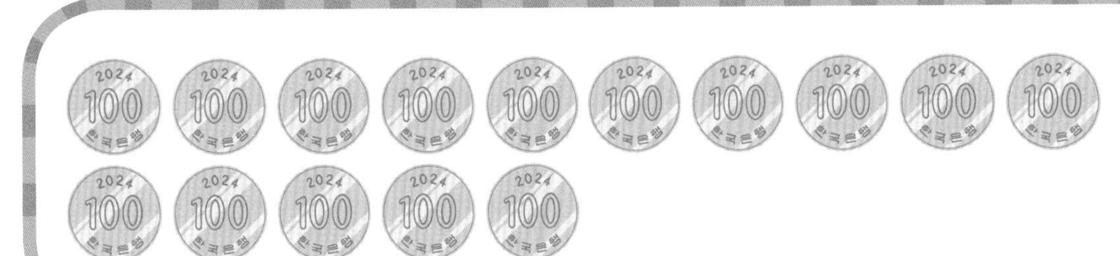

1500원

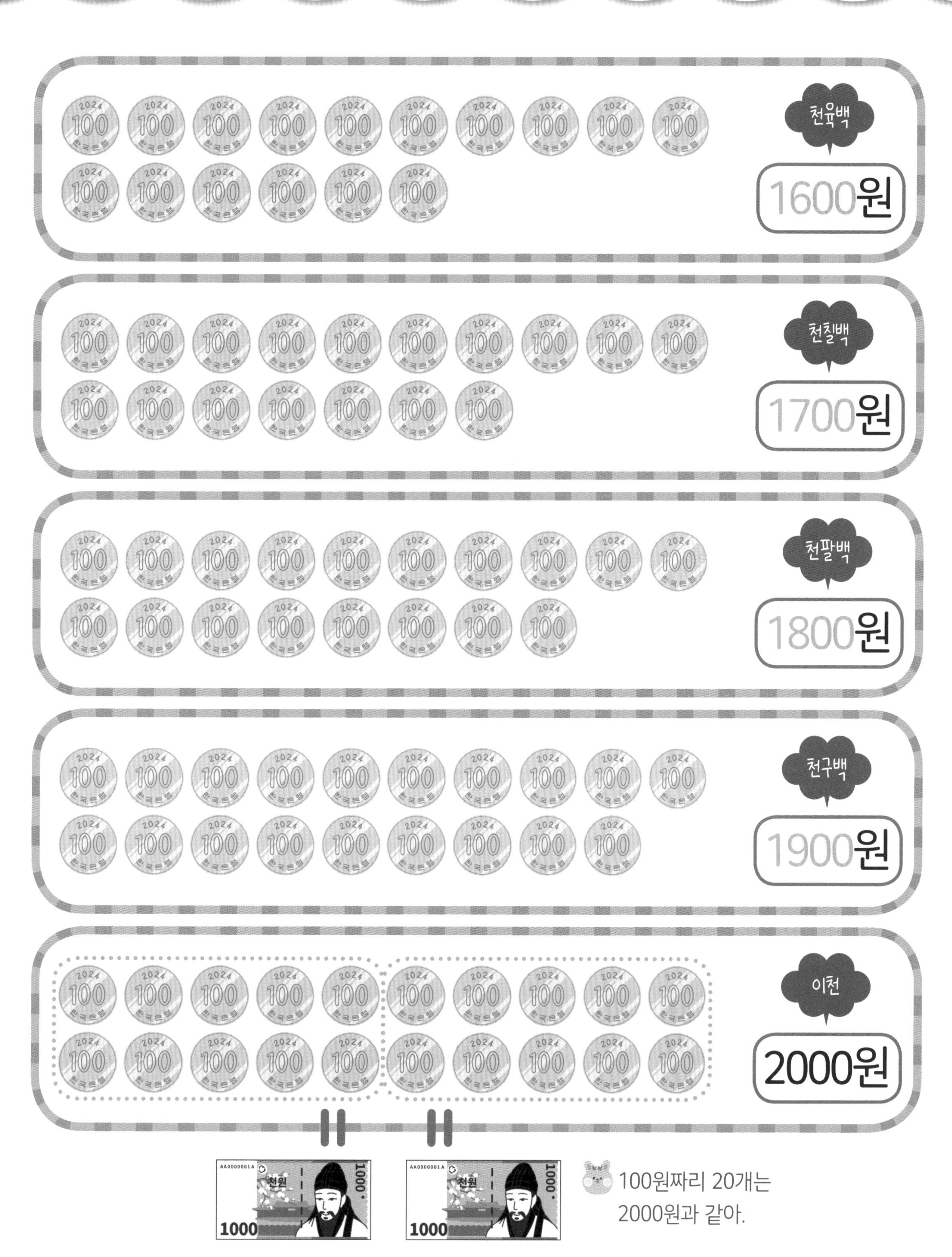
천육백
1600원
천칠백
1700원
천팔백
1800원
천구백
1900원
이천
2000원
천원
1000
1000
천원
1000
1000
100원짜리 20개는
2000원과 같아.

동글동글 동전 세기

상품 값과 같은 금액을 줄로 이어 보세요.

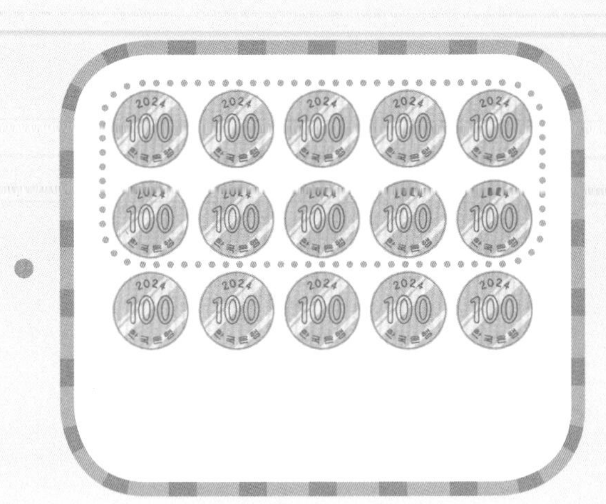

캐러멜 1개와 동그란 젤리 3개를 사려고 해요. 내야 하는 동전 개수만큼 / 표시를 해 보세요.

다음 글을 읽고 알맞은 답에 O표 해 보세요.

캐러멜 1개와 젤리 3개를 사려면 100원짜리 동전 **13개** **14개** 가 필요해요.

캐러멜 1개와 젤리 3개는 **1400원** **1500원** 이에요.

9 동전을 섞어서 세어요 ①

서로 다른 동전이 섞여 있을 때 얼마인지 세어 보아요.

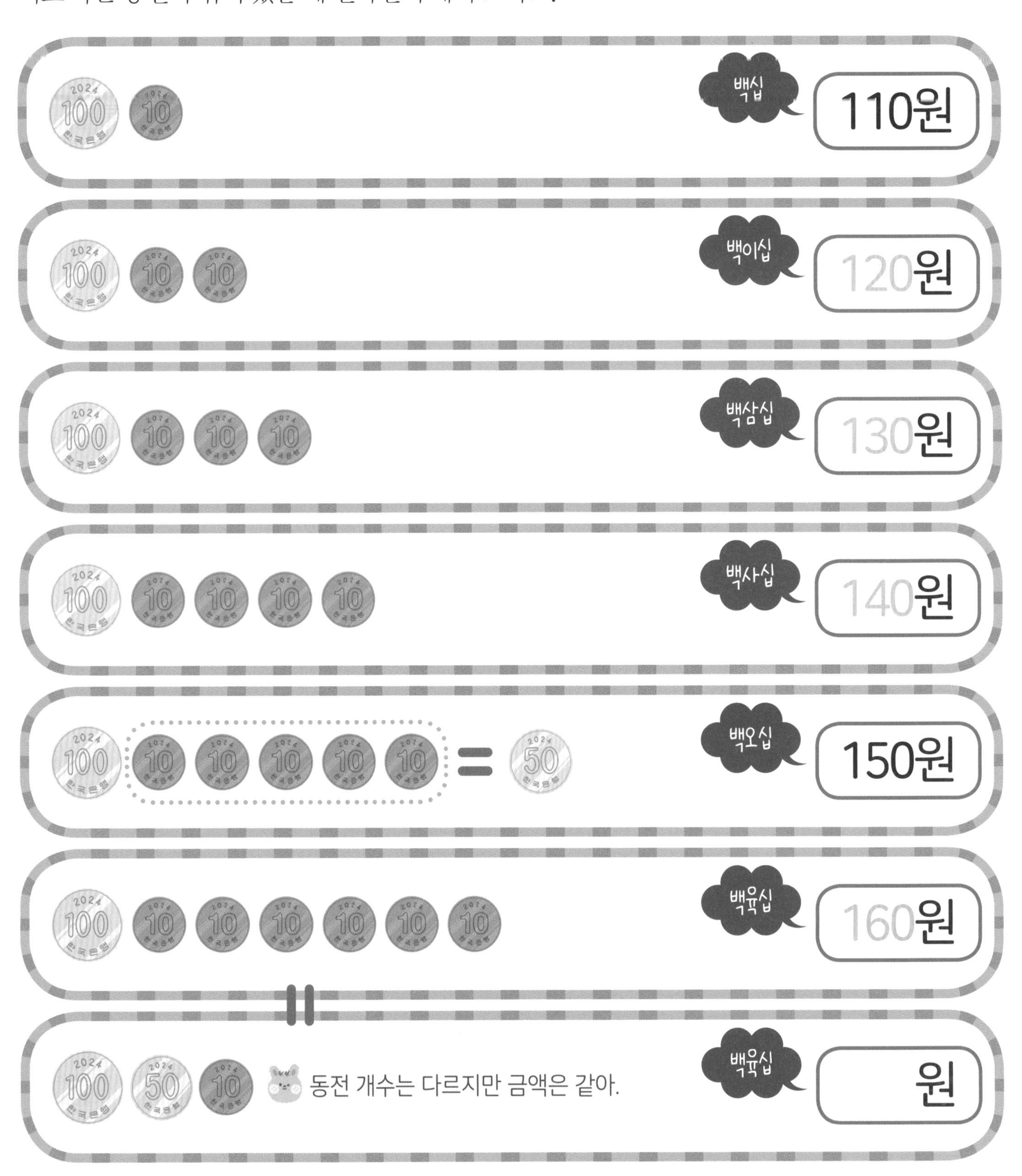

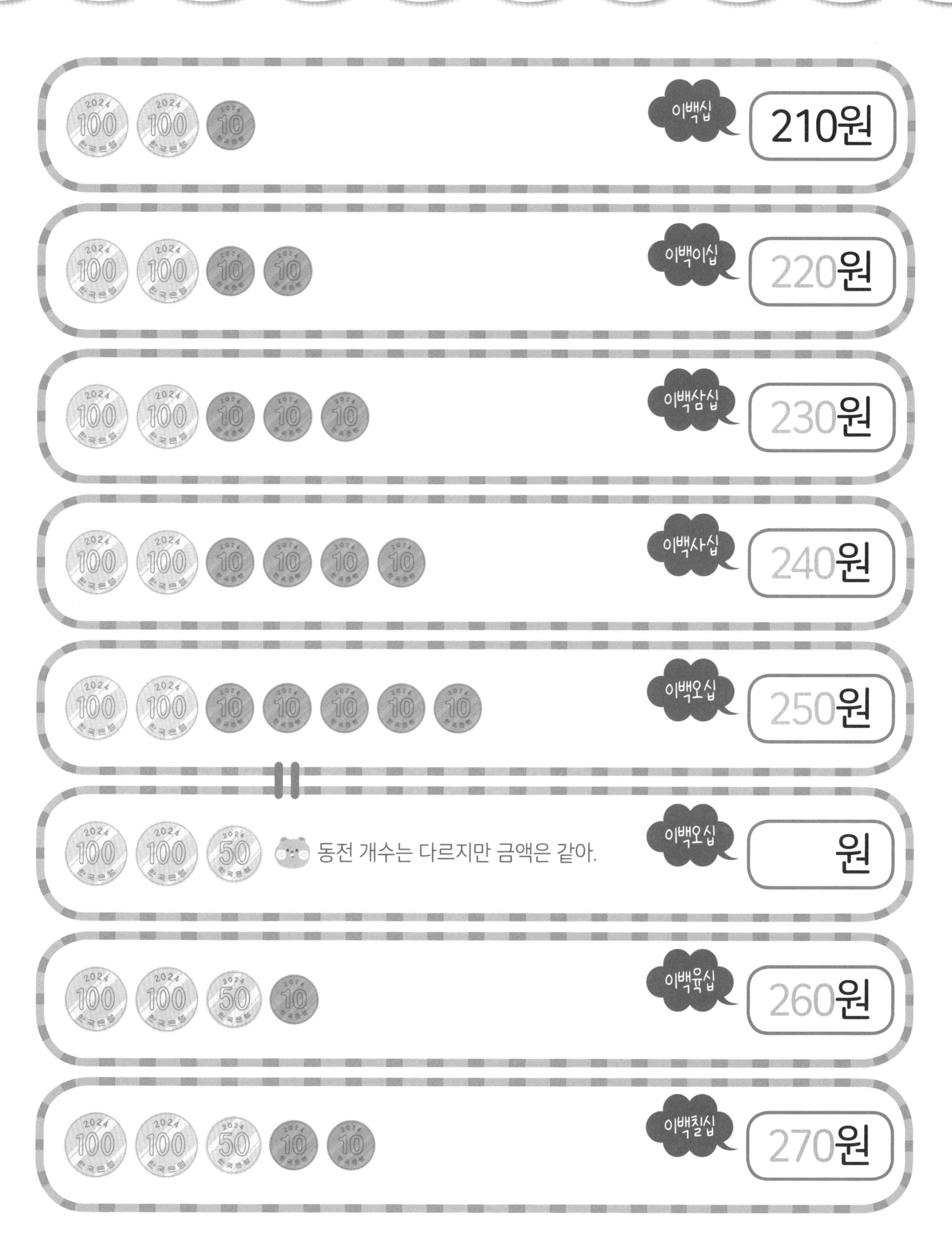
이백십
210원
이백이십
220원
이백삼십
230원
이백사십
240원
이백오십
250원
동전 개수는 다르지만 금액은 같아.
이백오십
원
이백육십
260원
이백칠십
270원

동글동글 동전 세기

동전 금액을 바르게 말한 동물에게 O표 해 보세요.

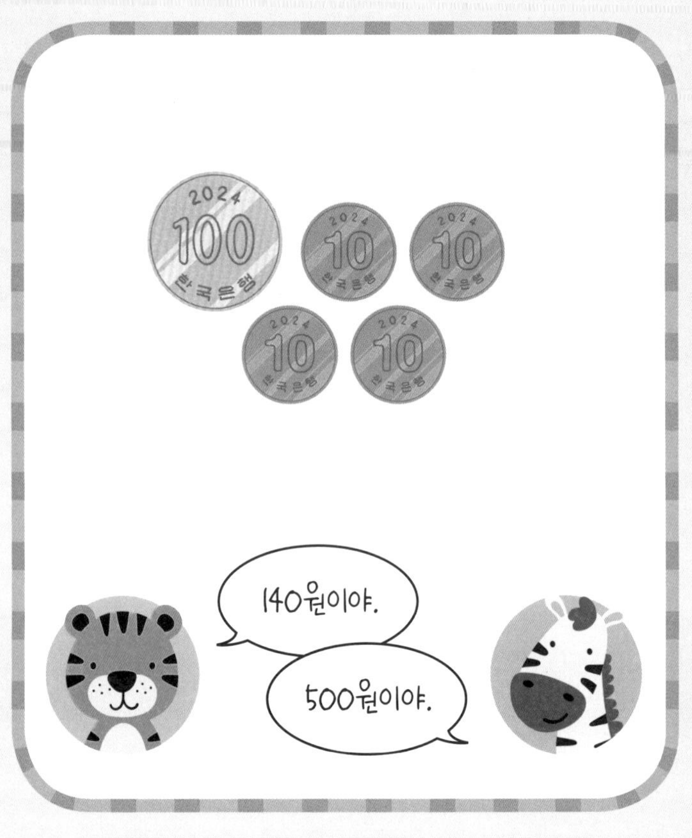

금액이 가장 큰 마카롱에 O표를 하고, 동전과 알맞게 줄을 이어 보세요.

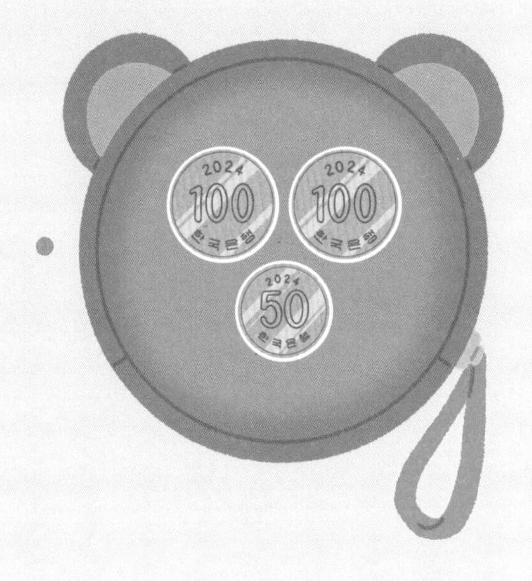

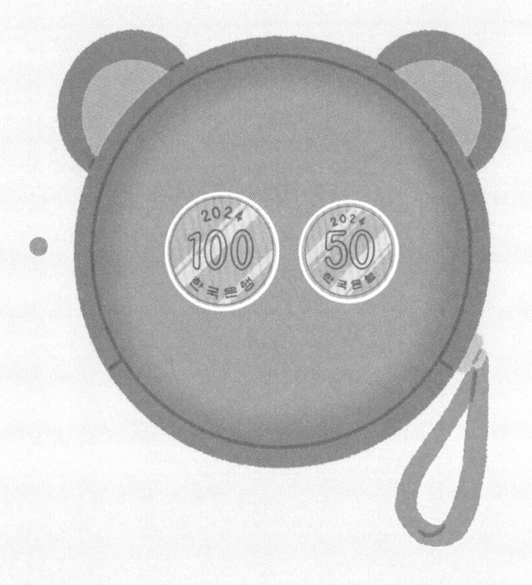

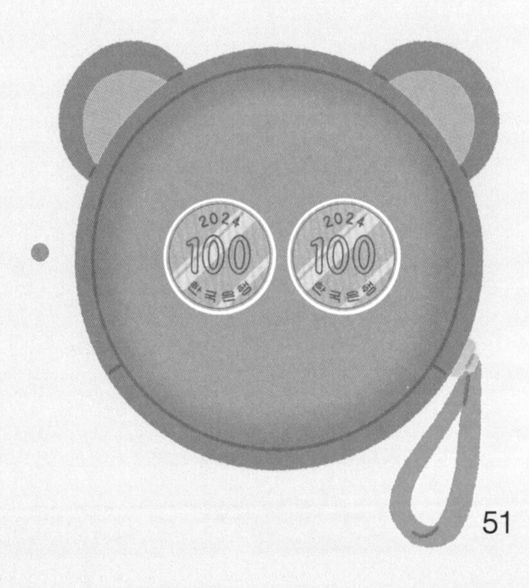

10 동전을 섞어서 세어요 ②

서로 다른 동전이 섞여 있을 때 얼마인지 세어 보아요.

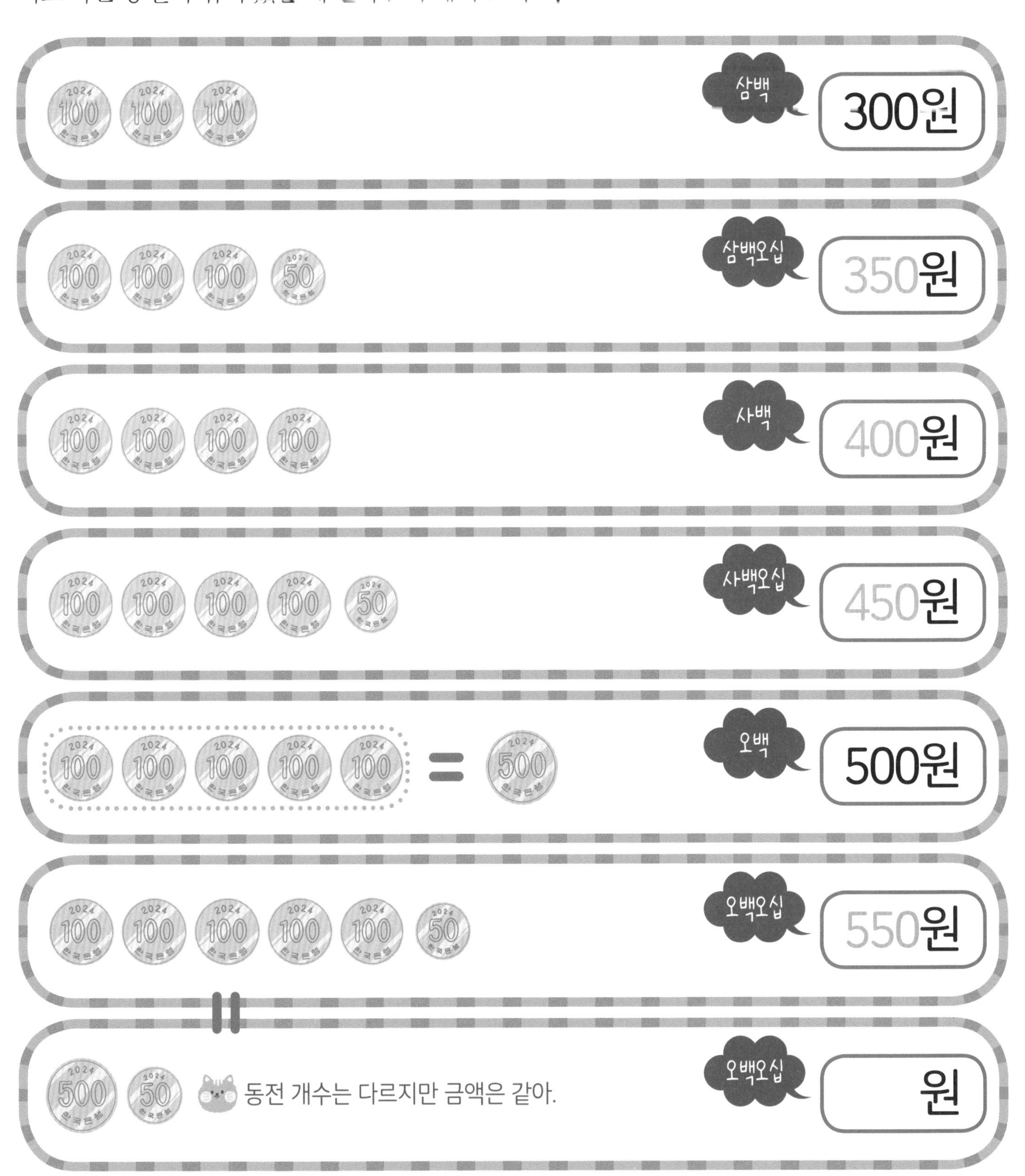

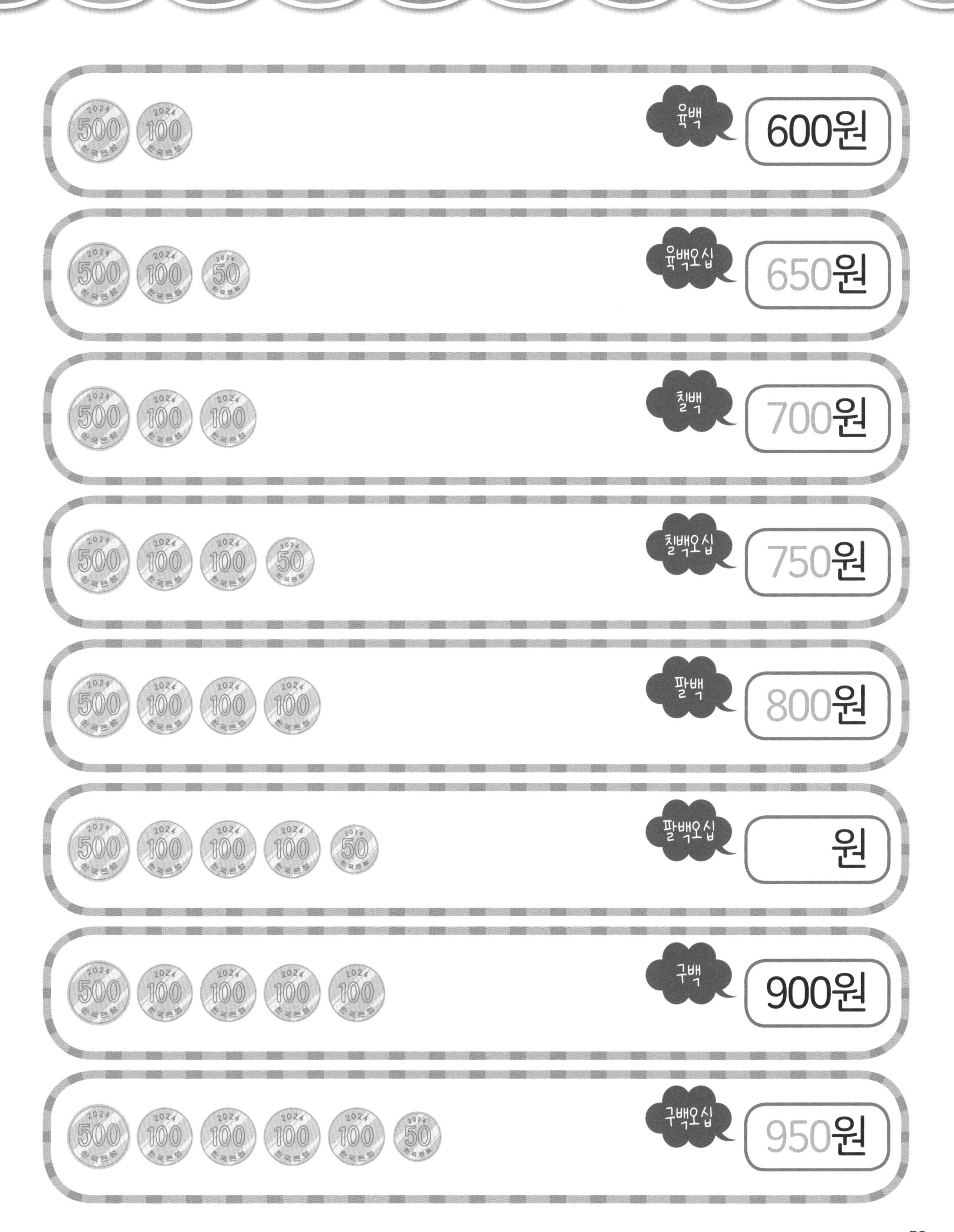
육백
600원
육백오십
650원
칠백
700원
칠백오십
750원
팔백
800원
팔백오십
원
구백
900원
구백오십
950원

동글동글 동전 세기 ①

예쁜 팔찌를 만들었어요. 팔찌 만드는 데 얼마가 들었을까요?

=100원 =200원 =50원

① 구슬은 모두 3 개이고, 300 원이에요.

② 구슬은 모두 ______ 개이고, ______ 원이에요.

③ 구슬은 모두 ______ 개이고, ______ 원이에요.

④ 구슬은 모두 550 원이에요.

같은 금액끼리 먼저 세면 쉬워.

=500원 =400원 =50원

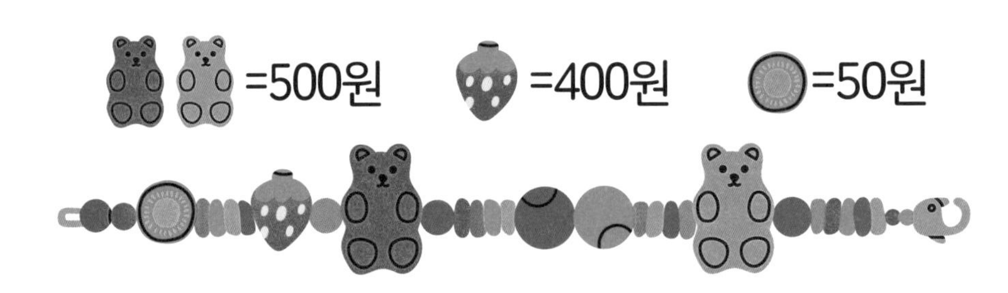

① 구슬은 2개에 500 원이에요.

② 구슬은 모두 ______ 개이고, ______ 원이에요.

③ 구슬은 모두 ______ 개이고, ______ 원이에요.

④ 구슬은 모두 950 원이에요.

모두 얼마인지 써 보세요.

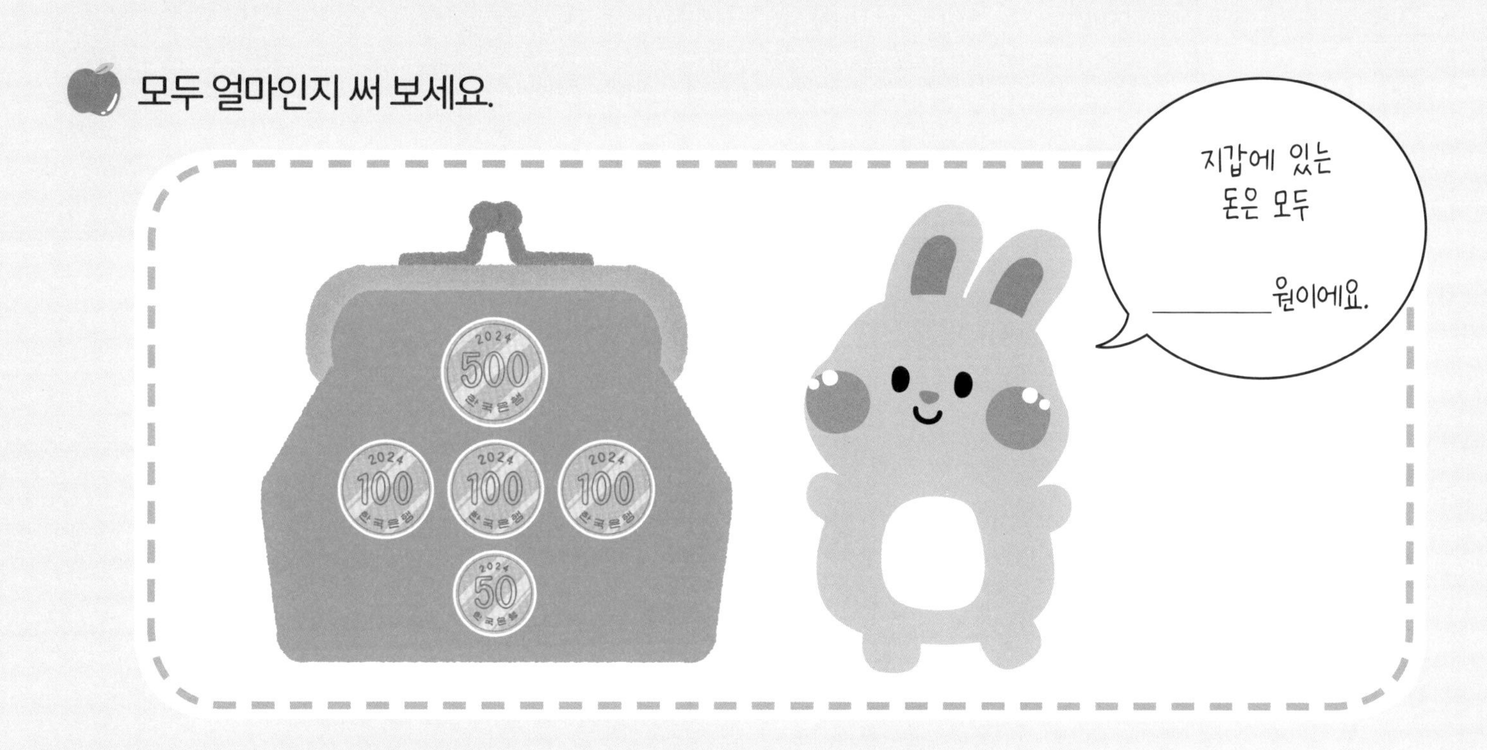

토끼가 가지고 있는 돈으로 살 수 있는 물건에 O표 해 보세요.

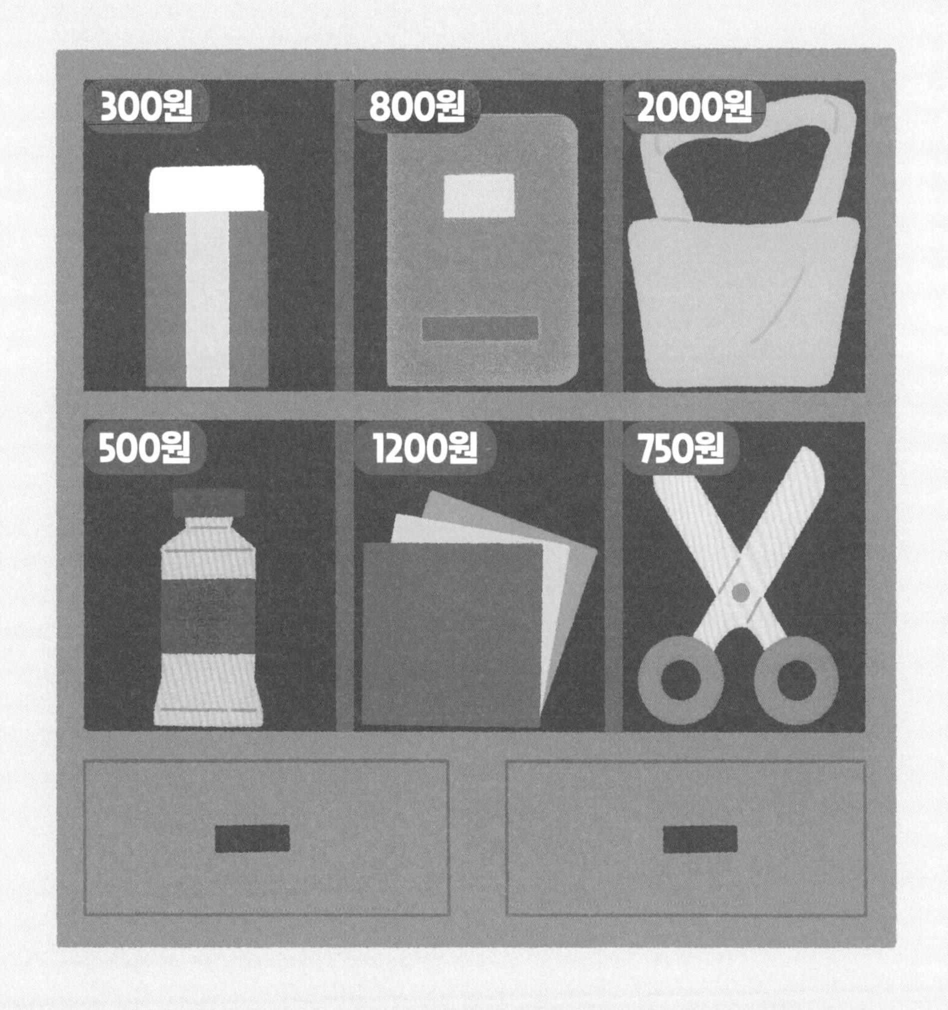

동글동글 동전 세기 ②

금액에 맞게 동전을 묶어 보세요.

600원

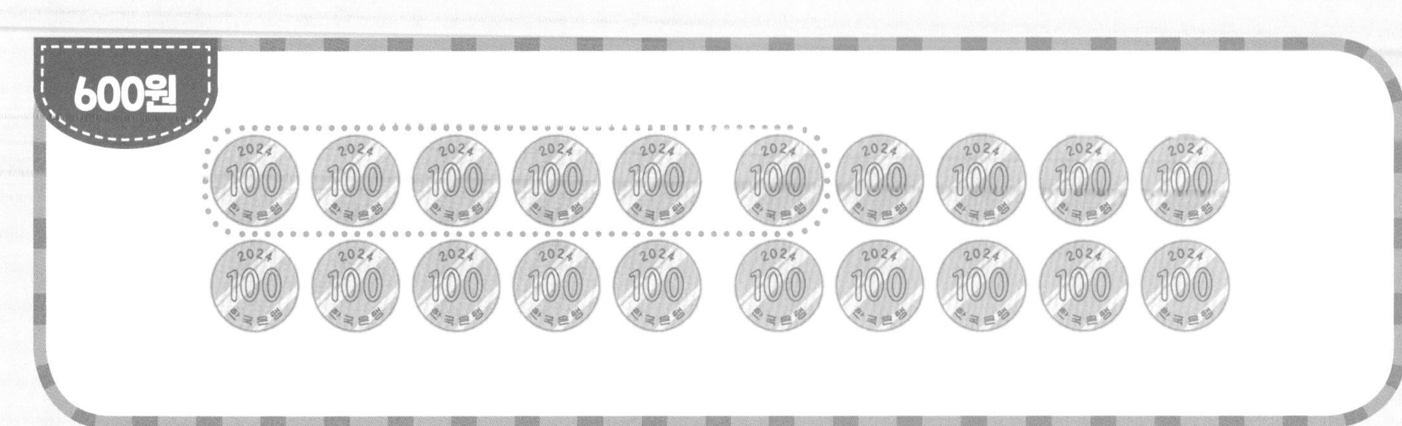

900원

1200원

1500원

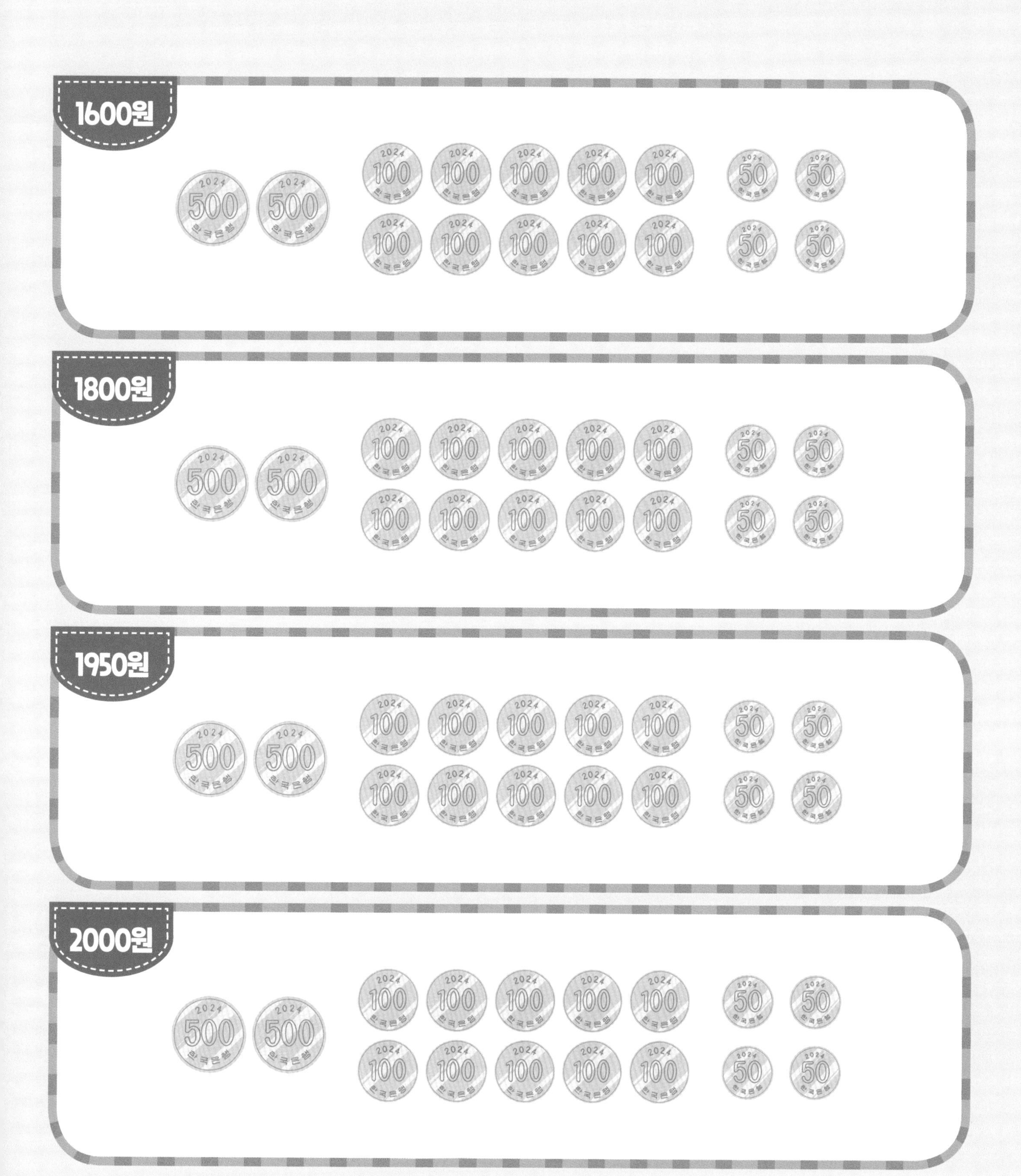
1600원
1800원
1950원
2000원

동글동글 동전 퀴즈

100원짜리 동전 다섯 개와 같은 금액 동전으로 바꾸려고 해요. 몇 번 길로 가야 할까요?

같은 금액끼리 줄을 이어 보세요.

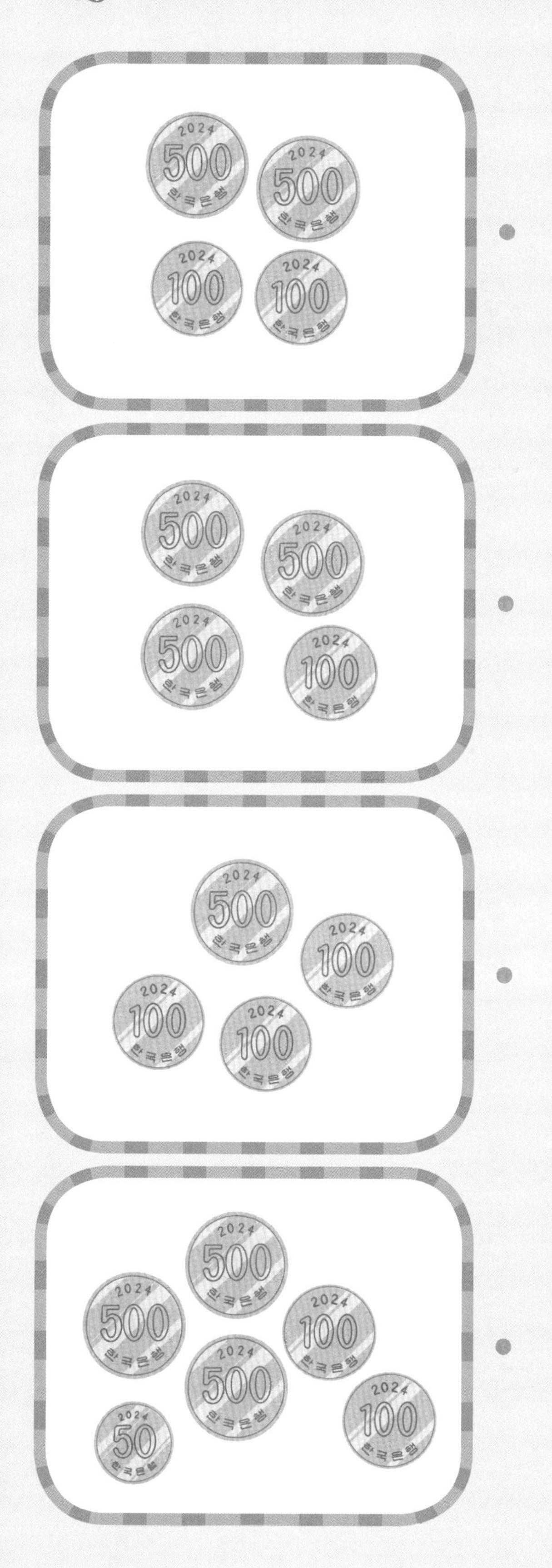

재미 있는 동전 놀이

동전 탁본 뜨기

동전 위에 흰 종이를 올리고 색칠하면
동전 모양이 그대로 드러나요.
여러 가지 동전을 올려놓고 알록달록
색칠해 보세요.

*탁본: 글씨나 무늬를 종이에 그대로 떠내는 거야.

3장 지폐와 친해져요

100원이 10개 있으면 1000원, 1000원이 5장이면 5000원. 아이들에게는 아직 큰 수지만 동전과 지폐를 세다 보면 수의 크기를 자연스럽게 받아들일 수 있어요. 차근차근 지폐를 세면서 큰 수의 덧셈 개념을 익혀 보세요.

우리나라 지폐

우리나라에서 쓰는 지폐는 모두 네 가지예요. 지폐는 종이에 각 나라의 문화와 역사를 상징하는 인물이나 문화유산을 그려서 만들어요. 우리나라 지폐는 어떻게 생겼는지 알아볼까요?

우리가 많이 쓰는 1000원짜리예요. 앞면에는 조선시대 학자 퇴계 이황이 그려져 있고, 뒷면에는 퇴계 이황이 머물렀던 도산서당과 주변 풍경을 담은 그림이 있어요.

앞면에는 퇴계 이황과 함께 조선을 대표하는 학자인 율곡 이이가 그려져 있어요. 뒷면에는 이이의 어머니 신사임당이 그린 수박, 맨드라미가 있지요.

만원권

앞면에는 한글을 만든 세종대왕이 그려져 있어요. 뒷면에는 세종대왕 때 만들어진 천체관측기구 혼천의가 그려져 있어서 우리나라 과학의 우수성을 짐작할 수 있지요.

오만원권

오만원권은 2009년에 처음 만들어졌어요. 앞면에는 율곡 이이의 어머니이자 시인, 화가였던 신사임당이 그려져 있어요. 뒷면에는 조선 중기 화가 어몽룡의 매화 그림이 있어요.

위조를 어렵게 하는 기술

AB 0123456 C
한국은행
오만원
50000
0123456 C
홀로그램
보는 위치에 따라 모양이 달라지는 띠가 있어요.
은화
종이에 숨은 그림이 새겨져 있는데 빛에 비춰 보면 보여요.
숨겨진 문양
비스듬히 기울이면 숨겨 놓은 문양이 나와요.
숨겨진 글씨
현미경으로 확대해야 글씨가 보여요.

*위조: 어떤 물건을 속이려고 진짜처럼 만드는 거야.

11 1000원을 알아보아요

지폐 장수를 세어 보고, 얼마인지 입으로 소리 내어 읽어 보세요.

앞면

뒷면

1000원과 같은 금액을 알아보아요.

100원짜리 10개

500원짜리 2개

지폐 장수를 세면서 따라 읽어 보세요.

2000원 | 이천 원

3000원 | 삼천 원

네 장

4000원 사천 원

5000원 오천 원

여섯 장

6000원

육천 원

일곱 장

7000원

칠천 원

여덟 장

8000원

팔천 원

아홉 장

9000원

구천 원

팔랑팔랑 지폐 세기

생활 속 지폐

스티커 한 장을 사려면
1000원이 필요해.

스티커를 여러 장 사면 얼마가 필요할까요? 알맞은 답에 O표 하세요.

1000원 2000원

3000원 300원

3000원 4000원

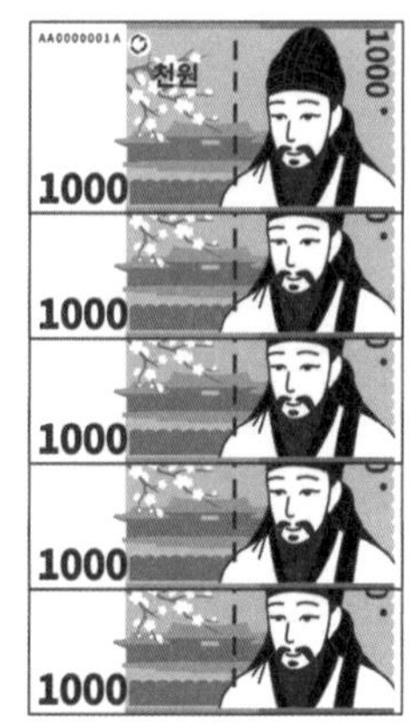

500원 5000원

색깔 점토 1개, 색종이 한 묶음, 비눗방울 2개, 풍선 1개를 사려고 해요. 모두 얼마가 필요할까요? 내야 하는 지폐 장수만큼 / 표시를 해 보세요.

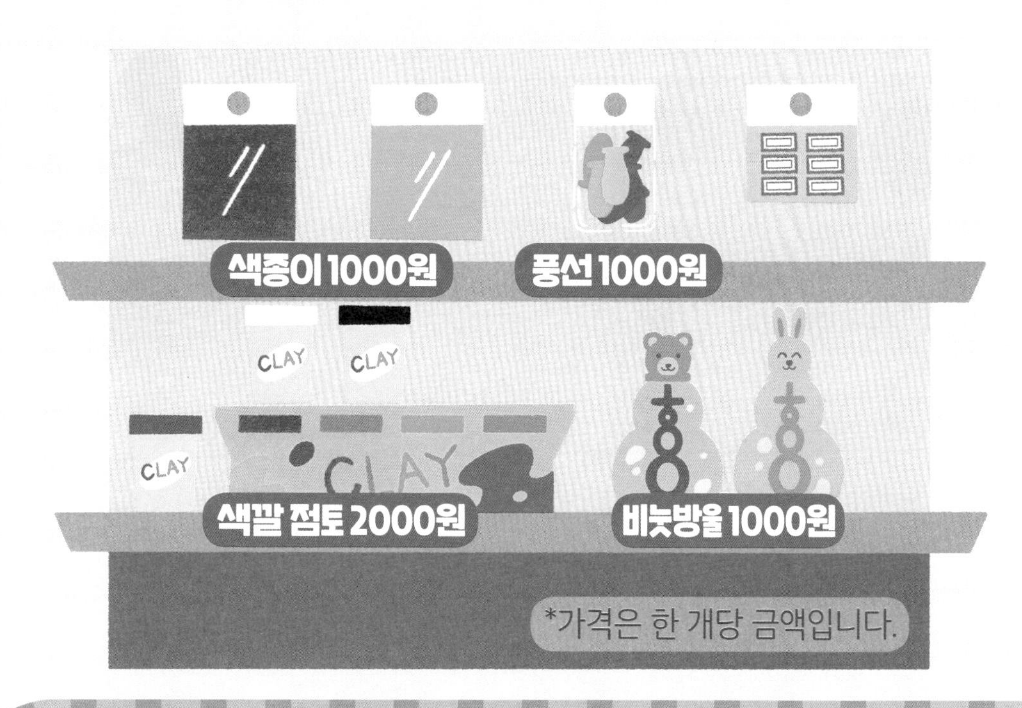

다음 글을 읽고 알맞은 답에 O표 해 보세요.

점토 1개, 색종이 한 묶음, 비눗방울 2개, 풍선 1개를 사려면 1000원짜리 지폐 **5장** **6장** 이 필요해요.

점토 1개, 색종이 한 묶음, 비눗방울 2개, 풍선 1개 금액은 모두 **6000원** **600원** 이에요.

12 5000원을 알아보아요

지폐 장수를 세어 보고, 얼마인지 입으로 소리 내어 읽어 보세요.

앞면

뒷면

5000원과 같은 금액을 알아보아요.

500원짜리 10개

1000원짜리 5장

지폐 장수를 세면서 따라 읽어 보세요.

10000원 만 원

15000원 만오천 원

네 장

20000원 | 이만 원

25000원 | 이만오천 원

30000원

삼만 원

35000원

삼만오천 원

여덟 장

40000원

사만 원

45000원

사만오천 원

팔랑팔랑 지폐 세기 ①

생활 속 지폐

국수 한 그릇은
5000원이야.

같은 금액을 줄로 이어 보세요.

같은 금액을 줄로 이어 보세요.

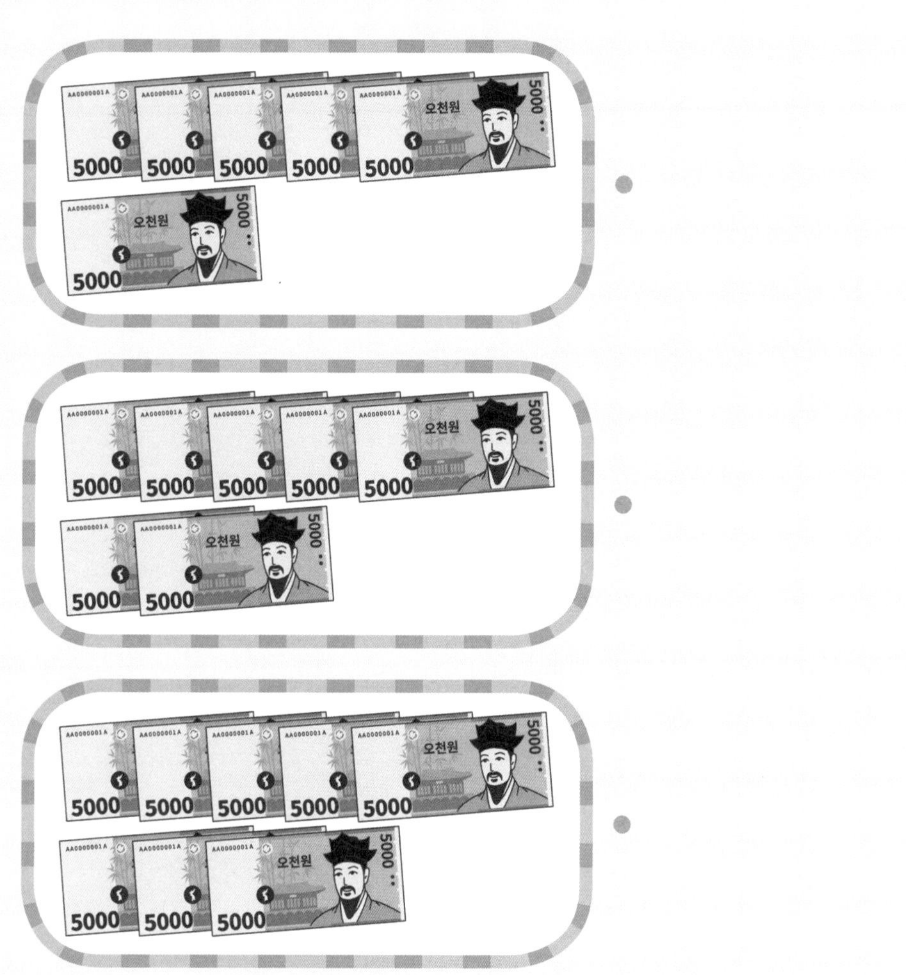

탕후루 3개를 사야 할 때 내는 돈만큼 / 표시를 해 보세요.

팔랑팔랑 지폐 세기 ❷

같은 금액의 스티커를 붙여 보세요.

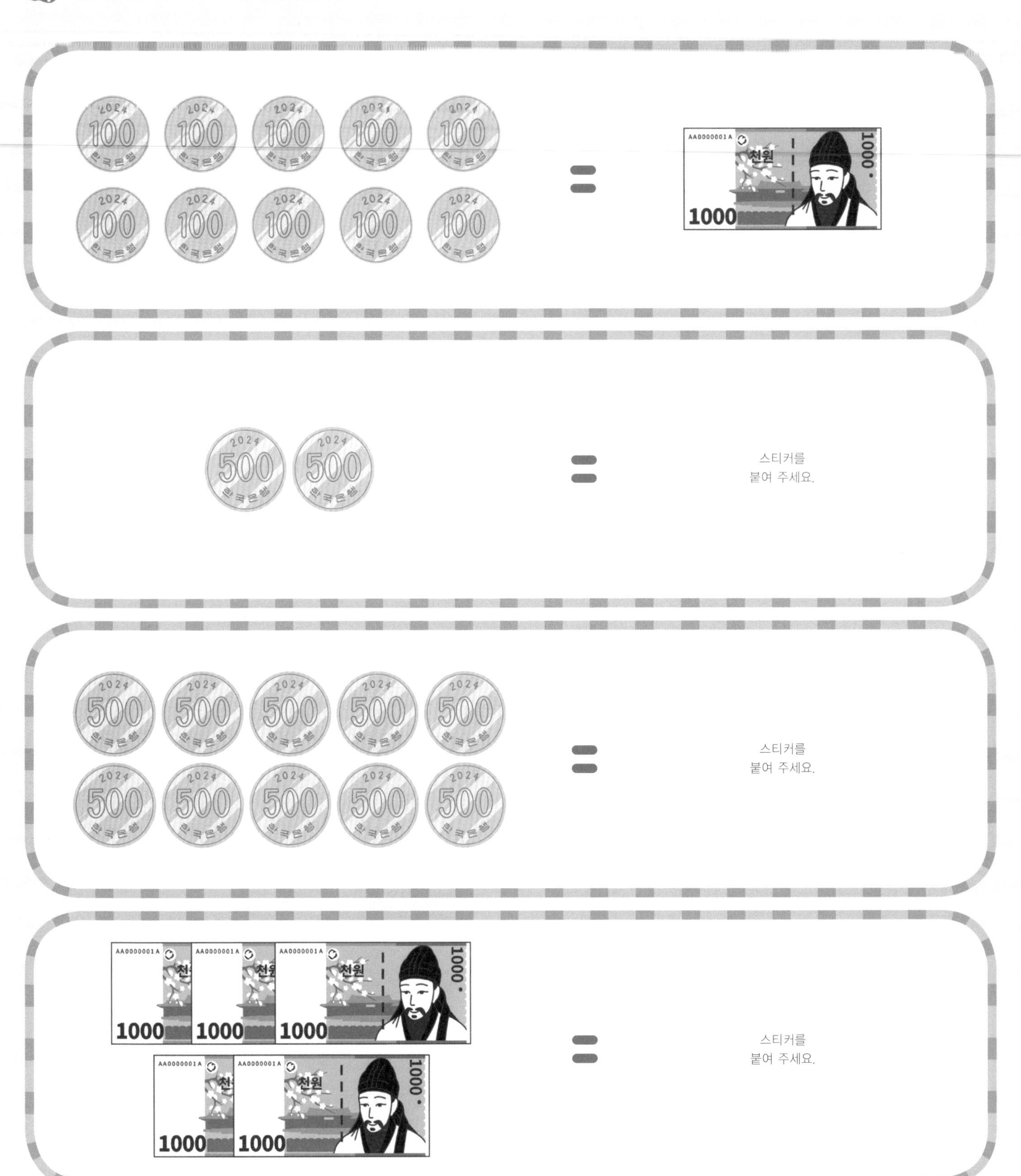

영수증에 적힌 음식 스티커를 107쪽에서 찾아 붙여 보세요.

위에 있는 물건 값을 계산할 수 있는 돈에 모두 O표 해 보세요.

10000원을 알아보아요

지폐 장수를 세어 보고, 얼마인지 입으로 소리 내어 읽어 보세요.

앞면

뒷면

10000원과 같은 금액을 알아보아요.

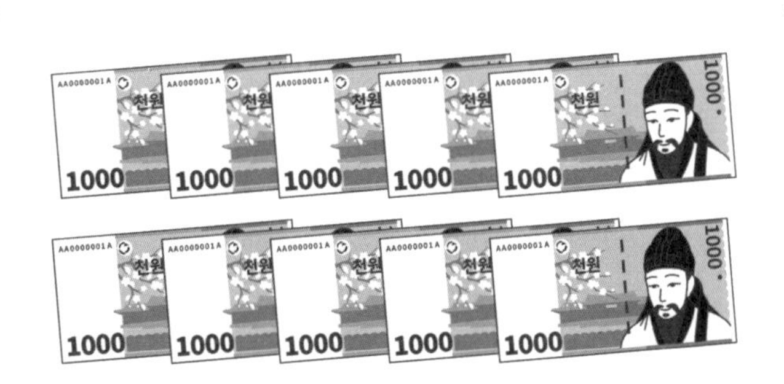

1000원짜리 10장

5000원짜리 2장

5000원짜리 1장 + 1000원짜리 5장

지폐 장수를 세면서 따라 읽어 보세요.

10000원

만 원

20000원

이만 원

30000원

삼만 원

40000원

사만 원

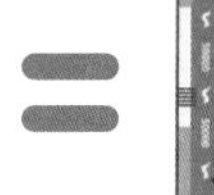

50000원

오만 원

10000원짜리 5장은 50000원짜리 한 장과 같아.

팔랑팔랑 지폐 세기

생활 속 지폐

햄버거 세트 하나에

10000원이야.

만원
10000

용돈과 금액을 줄로 이어 보세요.

삼촌한테
용돈 삼만 원을
받았어.

50000원

이모한테
용돈 오만 원을
받았어.

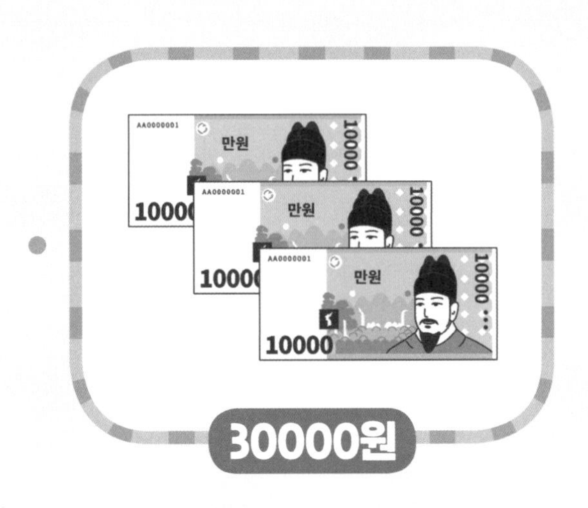

30000원

엄마와 함께 시장에 갔어요. 귤 한 바구니와 신발 한 켤레는 얼마일까요? 금액만큼 / 표시를 해 보세요.

다음 글을 읽고 알맞은 답에 O표 해 보세요.

신발 한 켤레를 사려면 만 원짜리	귤 한 바구니와 신발 한 켤레는
2장 **20장** 을 내야 해요.	모두 **삼천 원** **삼만 원** 이에요.

14 50000원을 알아보아요

지폐 장수를 세어 보고, 얼마인지 입으로 소리 내어 읽어 보세요.

앞면

뒷면

50000원과 같은 금액을 알아보아요.

10000원짜리 5장

5000원짜리 10장

지폐 장수를 세면서 따라 읽어 보세요.

50000원

오만 원

100000원

십만 원

150000원

십오만 원

200000원

이십만 원

더 큰 금액에 O표 해 보세요.

팔랑팔랑 지폐 세기 ①

생활 속 동전

자동차 블록 세트
하나에 50000원이야.

오만 원짜리를 바꾸려고 해요. 알맞은 금액에 모두 O표 해 보세요.

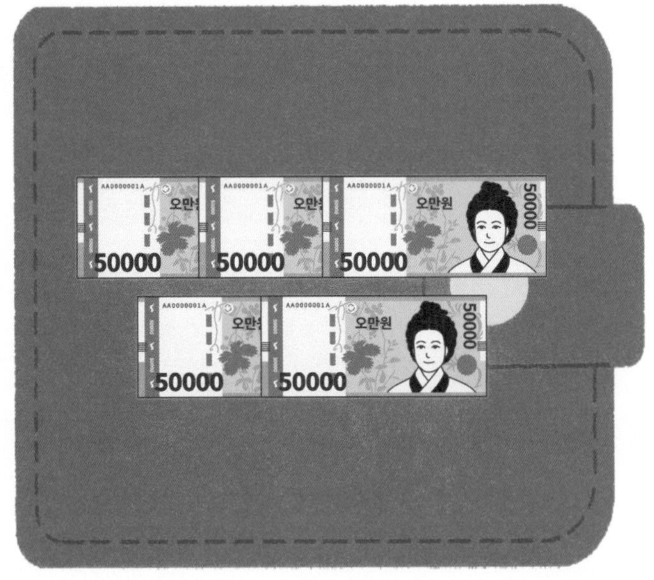

용돈을 꾸준히 모았어요. 통장에는 모두 얼마가 들어 있을까요? 금액만큼 / 표시를 해 보세요.

년 월 일	거래 내용	맡기신 금액	남은 금액
20240101	1월 용돈	20,000	20,000
20240201	2월 용돈	20,000	40,000
20240301	3월 용돈	20,000	60,000
20240401	4월 용돈	20,000	80,000
20240501	5월 용돈	20,000	100,000
20240601	6월 용돈	20,000	120,000
20240701	7월 용돈	20,000	140,000
20240801	8월 용돈	20,000	160,000
20240901	9월 용돈	20,000	180,000
20241001	10월 용돈	20,000	200,000

팔랑팔랑 지폐 세기 ②

금액에 맞게 지폐를 묶어 보세요.

3000원

5000원

10000원

10000원

20000원

30000원

팔랑팔랑 지폐 세기 ③

지폐를 세어 보고 알맞은 숫자를 빈칸에 써 보세요.

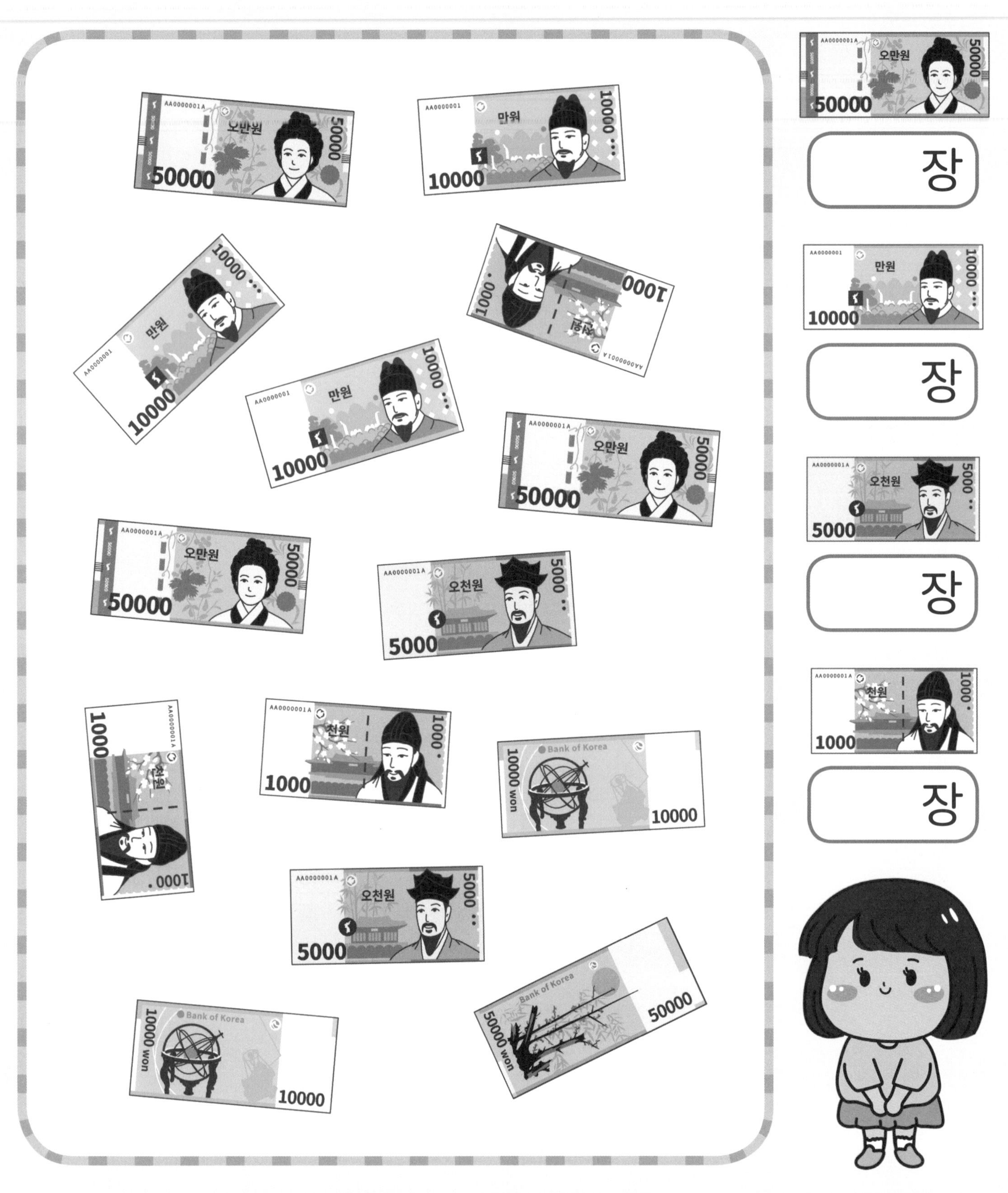

빈 곳에 스티커를 붙이고 빈칸에 금액을 써서 메뉴판을 완성해 보세요.

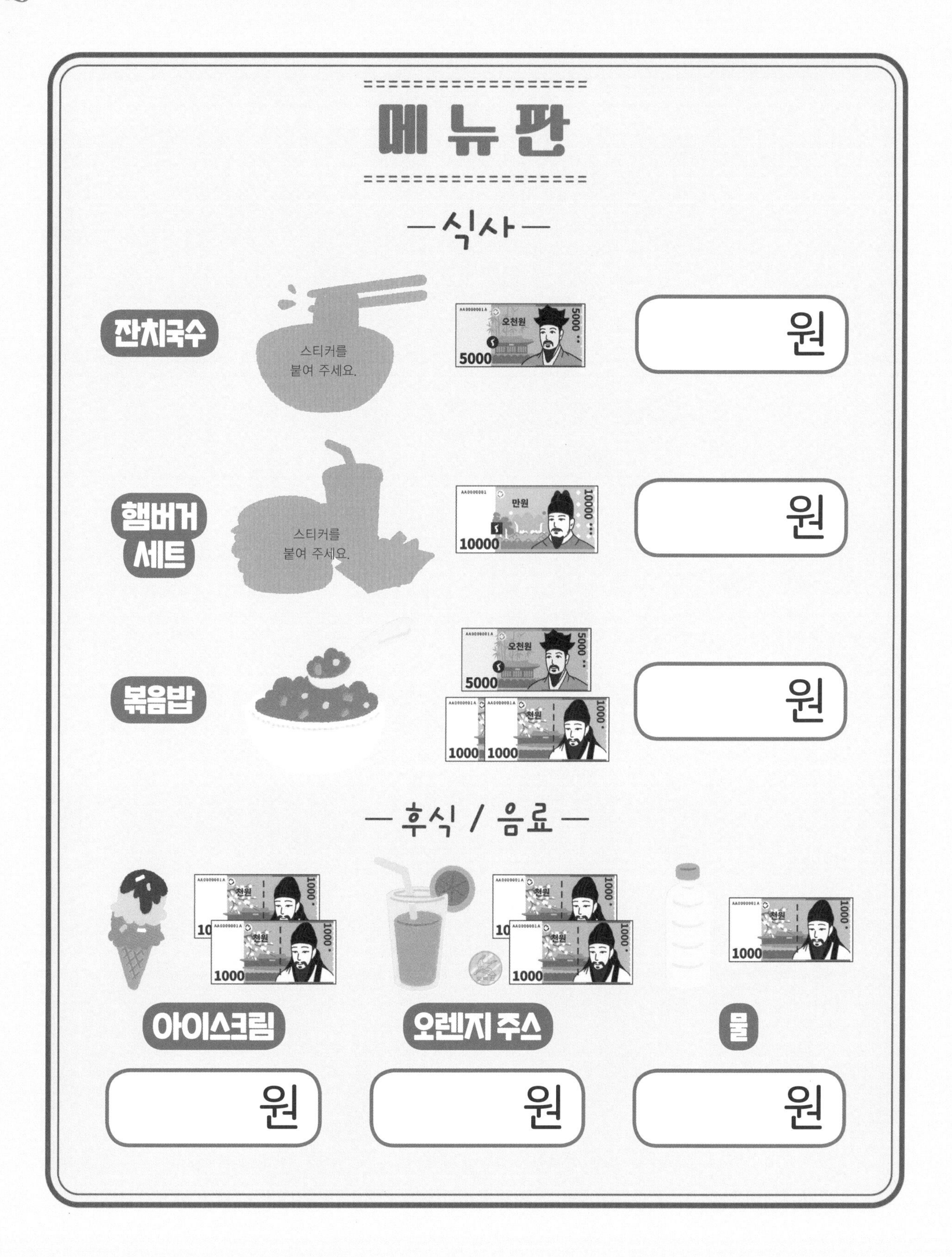

재미 있는 지폐 놀이

지폐에 내 얼굴을 그려 보세요.

AB 1234567 C

한국은행

만원

10000

10000

4장 동전·지폐를 섞어 세어요

4장에서는 아이들이 실생활에서
접할 수 있는 실제 금액 단위를 섞어 세어
볼 거예요. 동전과 지폐를 섞어 세는 것이 아직
어려울 수 있어요. 하지만 스티커를 붙이면서
큰 수에 대한 두려움을 잊고 재미있는 계산 놀이
처럼 금액을 익힐 수 있도록 격려해 주세요.

15 지폐와 동전을 셀 수 있어요 ①

빈 곳에 스티커를 붙이고 돈을 세어 보세요.

1100원

1200원

1300원

1400원

100원짜리 5개는 500원과 같아.

1500원

스티커를
붙여 주세요.

스티커를
붙여 주세요.

2100원

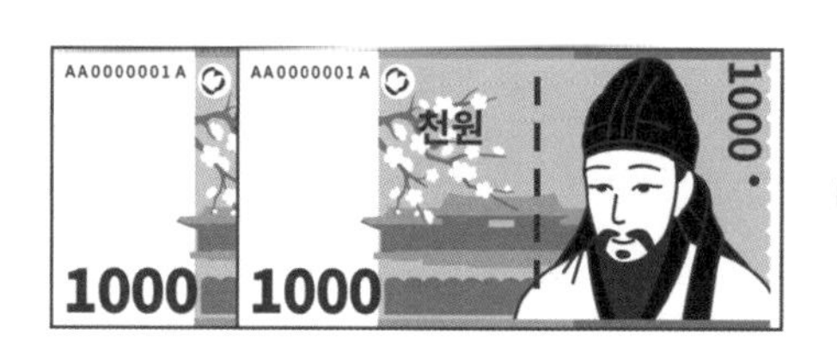

2200원

2300원

2400원

2500원

=

동전 개수는 다르지만
같은 금액이야.

2500원

16 지폐와 동전을 셀 수 있어요 ②

빈 곳에 스티커를 붙이고 돈을 세어 보세요.

1110원

1120원

1130원

1140원

스티커를
붙여 주세요.

천백오십

1150원

10원짜리 5개는 50원과 같아.

용돈으로 간식을 사려고 해요. 가지고 있는 금액으로 살 수 있는 간식 스티커를 107쪽에서 찾아 바구니에 붙여 보세요.

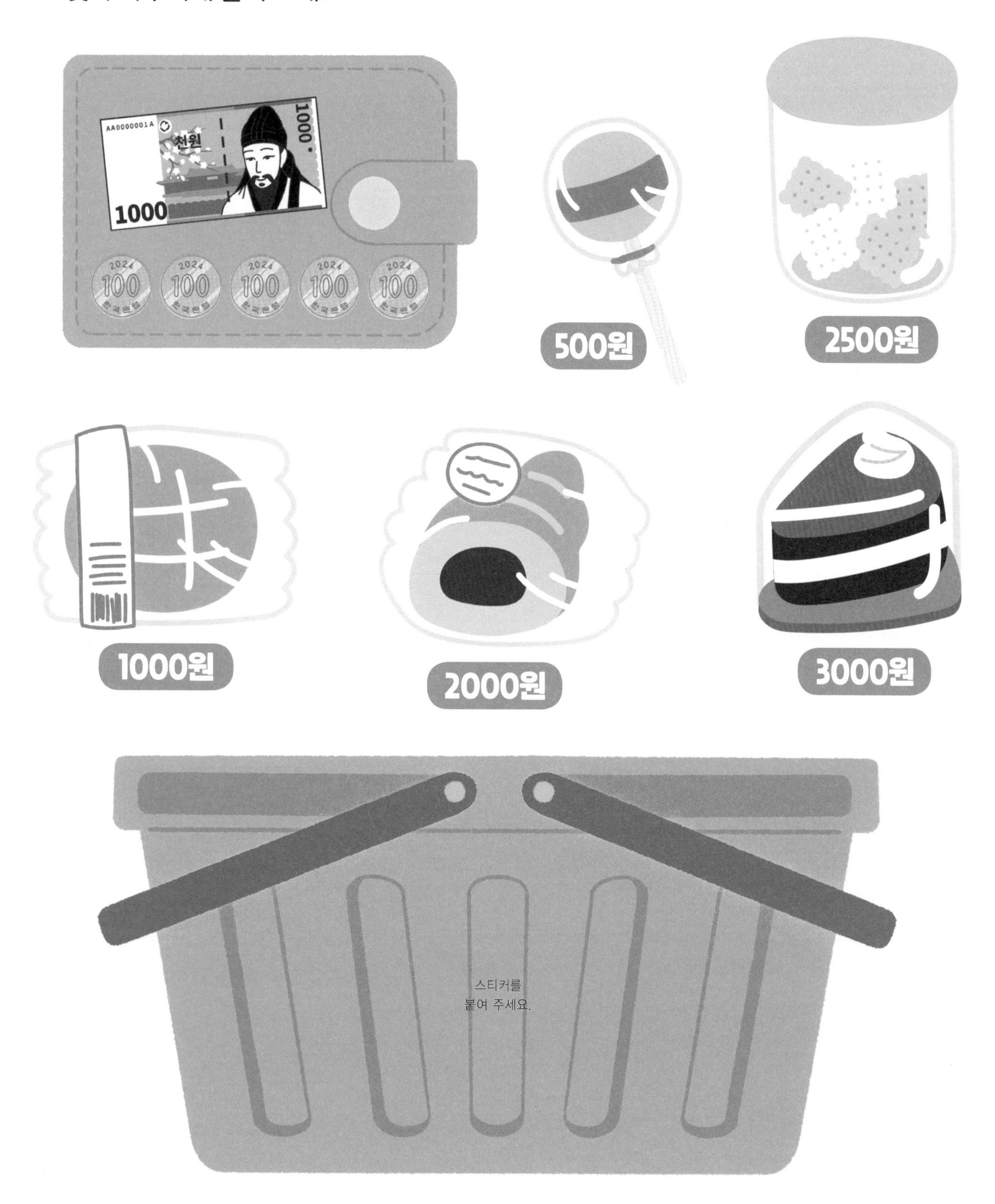

17 지폐와 동전을 셀 수 있어요 ③

빈 곳에 스티커를 붙이고 돈을 세어 보세요.

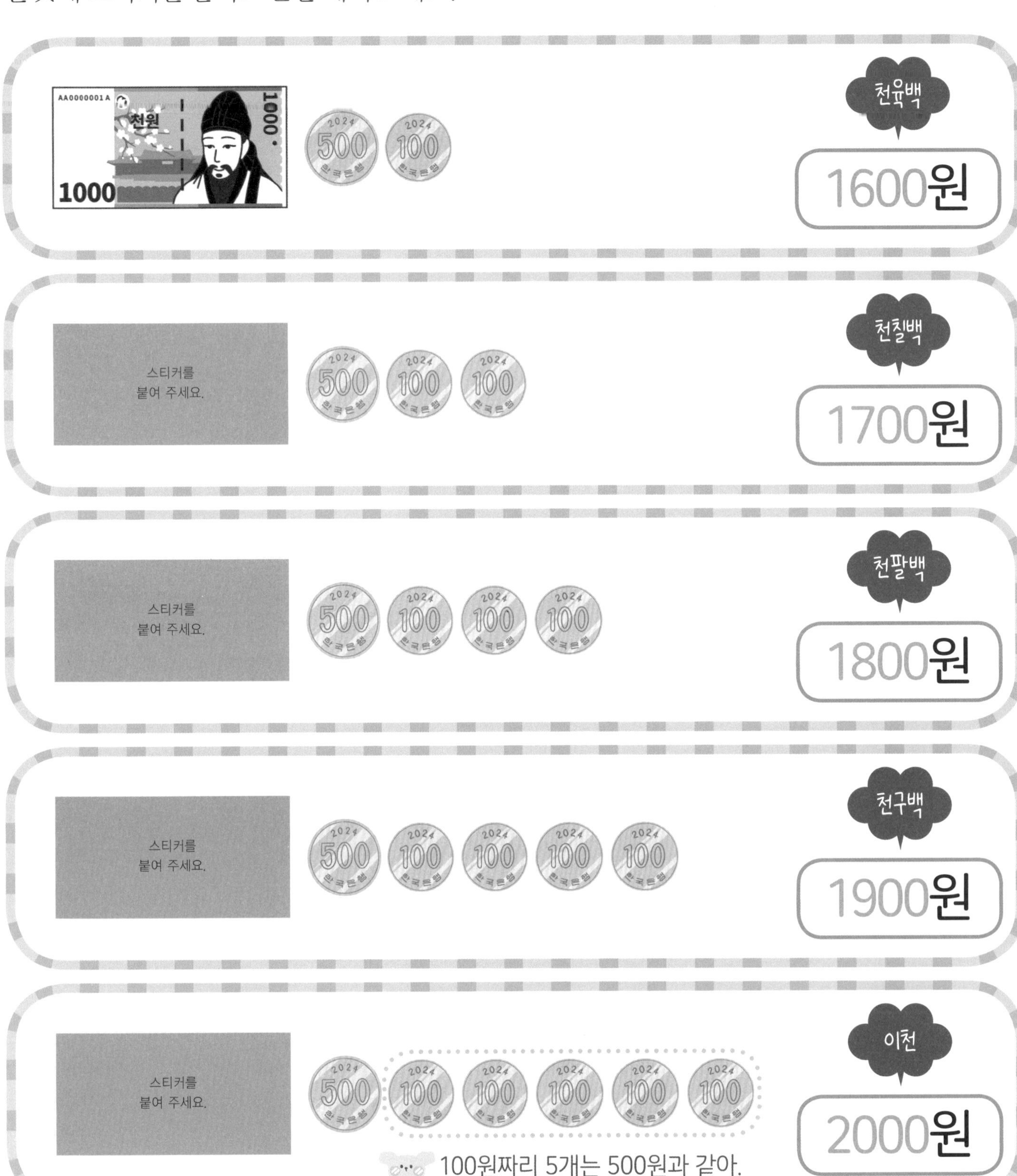

2600원

2700원

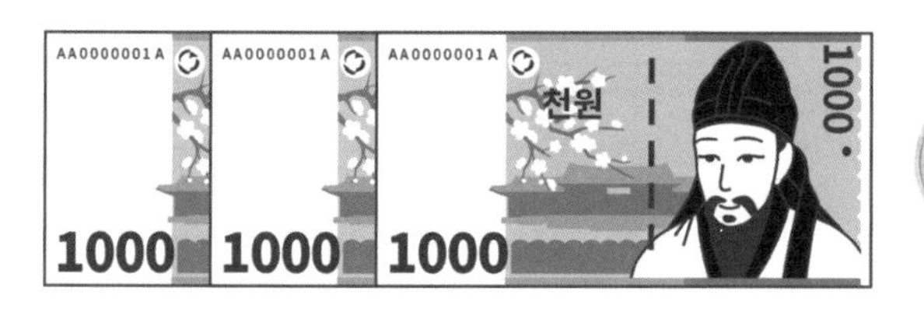

3500원

3600원

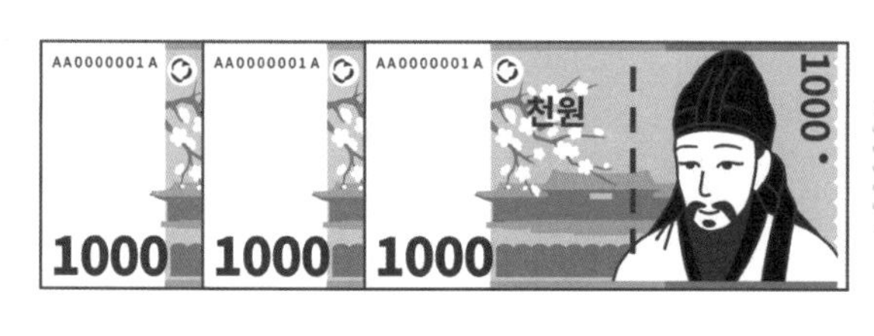

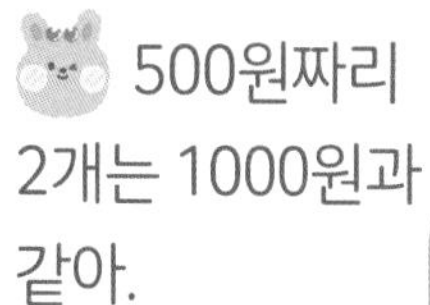

4000원

4500원

18 여러 가지 돈을 셀 수 있어요

돈을 세어 보아요

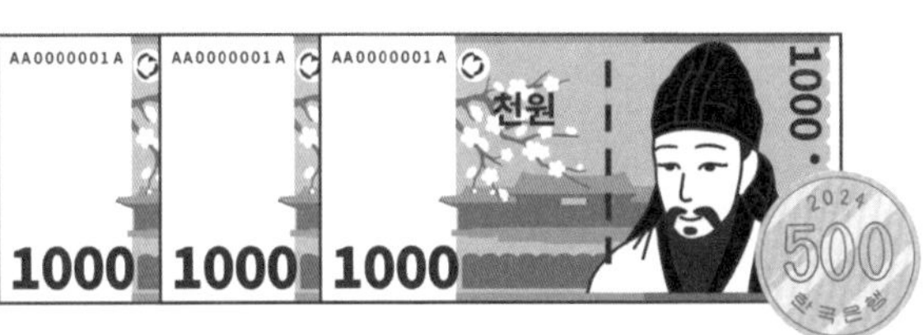

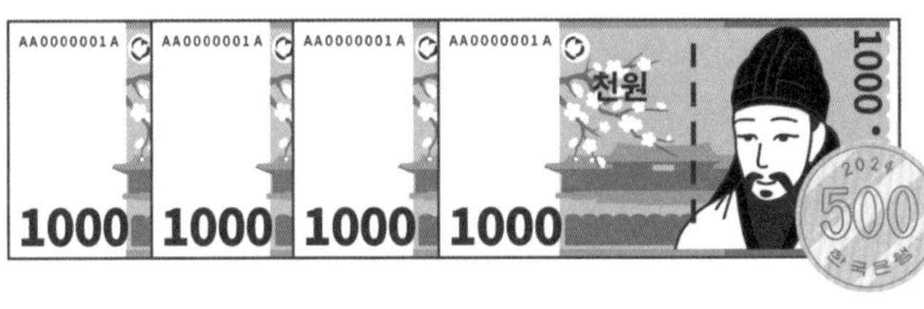

영화를 보기 전에 팝콘을 사려고 해요. 가격표를 보고 아래 물음에 답해 보세요.

미니 팝콘과 콜라를 살 때 내야 하는 돈만큼 / 표시를 해 보세요.

팝콘 세트와 주스를 살 때 내야 하는 돈만큼 / 표시를 해 보세요.

서로 다른 색으로 표시하면 셀 때 헷갈리지 않아.

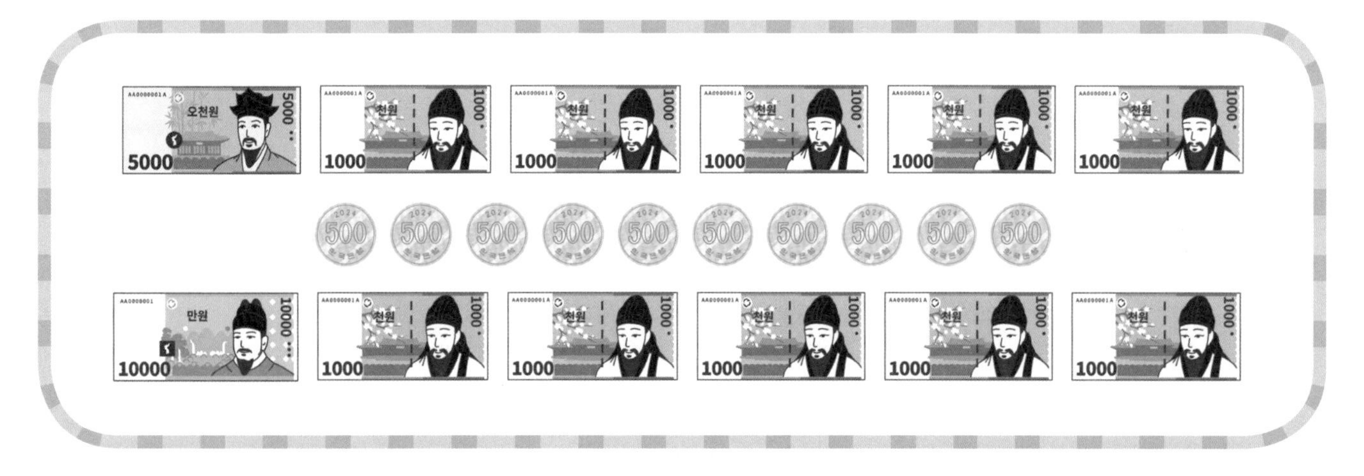

미니 팝콘과 콜라 가격

________ 원

팝콘 세트와 주스 가격

________ 원

어린이를 위한 경제 교실

돈은 왜 필요해요?

사람이 살아가는 데 필요한 게 많아요. 그래서 미래를 위해 준비 해야 하지요. 큰일이 닥쳤을 때 해결할 일이 생기기도 해요. 부모님이 직업을 가지고 돈을 버는 이유도 그 때문이에요. 그래야 꼭 필요한 음식이나 물건을 살 수 있고, 대학 등록금이나 수술처럼 큰돈이 필요할 때를 대비해 저축할 수 있거든요.

어린이도 돈을 벌 수 있나요?

14세까지 어린이는 일을 해서 돈을 벌 수 없어요. 어린이가 건강하고 행복하게 자라도록 보호해 주어야 하기 때문이에요. 하지만 엄마 아빠를 도와 집안일을 해서 용돈을 받거나 안 쓰는 물건을 파는 등 다른 방법으로 돈을 벌 수 있지요.

용돈은 어떻게 써야 해요?

용돈을 받자마자 사고 싶은 데 몽땅 쓰지 말고, 계획을 세워요. 돈을 모아 두면 나중에 더 좋은 장난감을 살 수 있고, 더 큰돈을 벌기 위해 투자할 수도 있어요. 아니면 누군가를 돕기 위해 기부할 수도 있지요. 어렸을 때 부터 용돈을 소중히 아끼고 저축해 보세요.

* 투자: 더 큰 돈을 벌기 위해, 더 좋은 것을 가지기 위해 돈이나 시간, 정성 등을 쏟는 행동을 말해.

정답

14쪽

동글동글 동전 세기
생활 속 동전
검정 비닐봉지 한 장은 20원이야.
지갑에 얼마가 있나요? 바른 금액을 찾아 O표 해 보세요.
10원 20원 30원
30원 40원 50원
50원 60원 70원
50원 60원 70원
14

15쪽

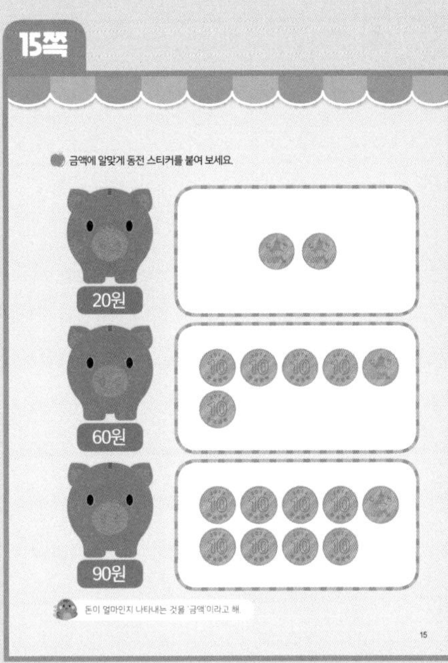

금액에 알맞게 동전 스티커를 붙여 보세요.
20원
60원
90원
돈이 얼마인지 나타내는 것을 '금액'이라고 해.
15

18쪽

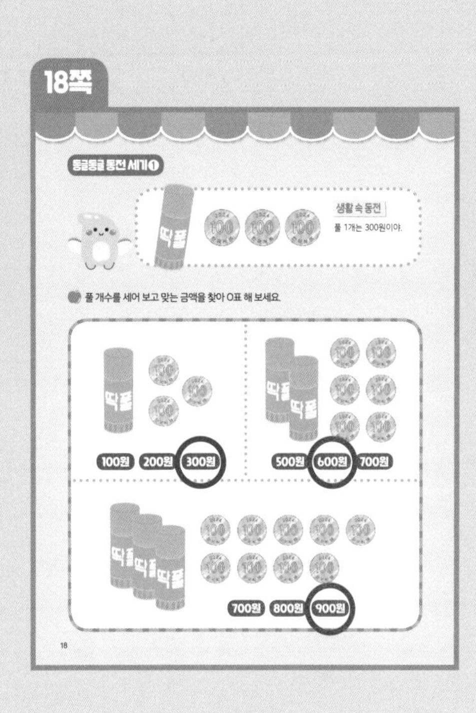

동글동글 동전 세기 1
생활 속 동전
풀 1개는 300원이야.
풀 개수를 세어 보고 맞는 금액을 찾아 O표 해 보세요.
100원 200원 300원
500원 600원 700원
700원 800원 900원
18

19쪽

저금할 돈에 알맞게 동전 스티커를 붙여 보세요.
19

20쪽

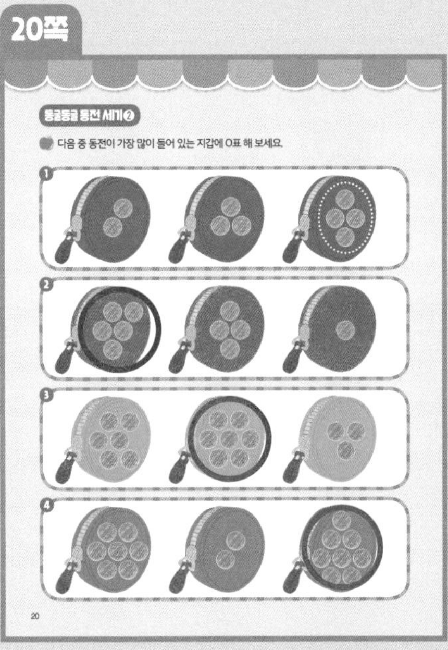

동글동글 동전 세기 2
다음 중 동전이 가장 많이 들어 있는 지갑에 O표 해 보세요.
20

21쪽

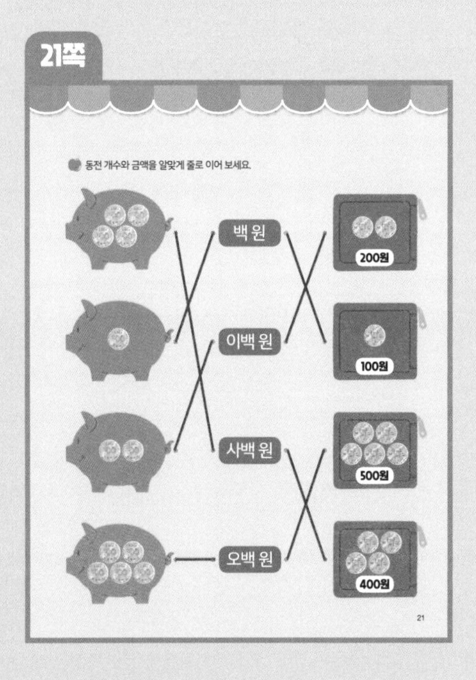

24쪽
동글동글 동전 세기
생활 속 동전
공중전화는 70원이 필요해.
왼쪽에 쓰여 있는 금액만큼 동전을 묶어 보세요.
100원
150원
200원
250원
300원

25쪽
컵 1개, 공 1개, 인형 1개를 사려면 50원짜리 몇 개가 필요할까요?
필요한 개수만큼 하나씩 지우고 모두 얼마인지 써 보세요.
벼룩 시장
100원
150원
200원
450 원

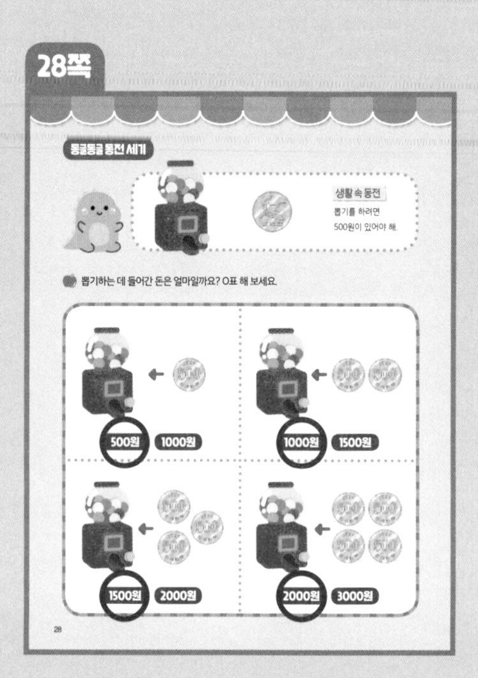
28쪽
동글동글 동전 세기
생활 속 동전
뽑기를 하려면 500원이 있어야 해.
뽑기하는 데 들어간 돈은 얼마일까요? O표 해 보세요.
500원
1000원
1000원
1500원
1500원
2000원
2000원
3000원

29쪽
동전 도장 찍기 놀이를 했어요. 500원짜리는 모두 몇 개일까요?
6 개

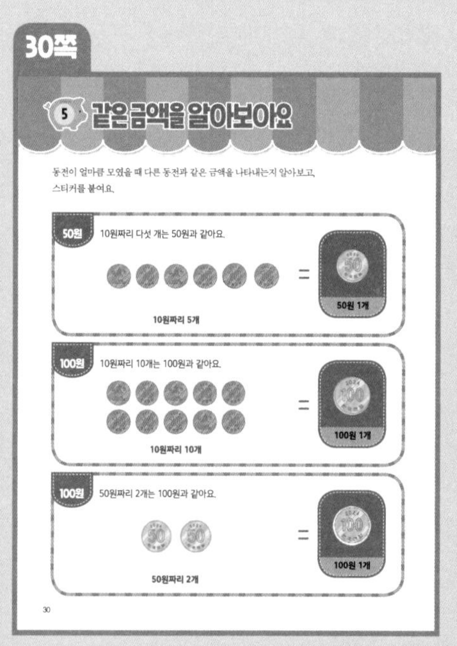
30쪽
5 같은 금액을 알아보아요
동전이 얼마큼 모였을 때 다른 동전과 같은 금액을 나타내는지 알아보고, 스티커를 붙여요.
50원 10원짜리 다섯 개는 50원과 같아요.
10원짜리 5개
50원 1개
100원 10원짜리 10개는 100원과 같아요.
10원짜리 10개
100원 1개
100원 50원짜리 2개는 100원과 같아요.
50원짜리 2개
100원 1개

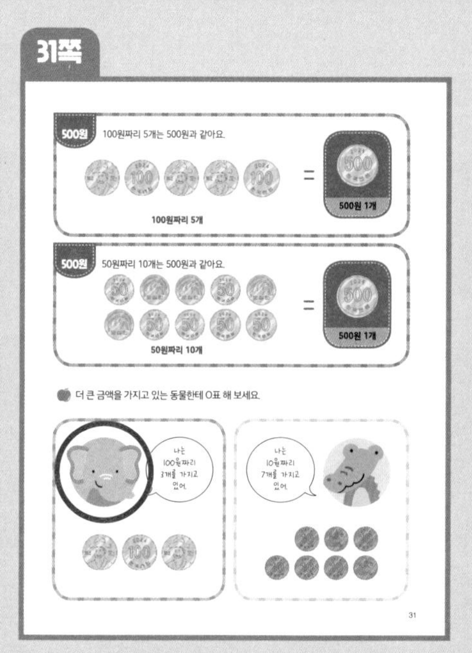
31쪽
500원 100원짜리 5개는 500원과 같아요.
100원짜리 5개
500원 1개
500원 50원짜리 10개는 500원과 같아요.
50원짜리 10개
500원 1개
더 큰 금액을 가지고 있는 동물한테 O표 해 보세요.

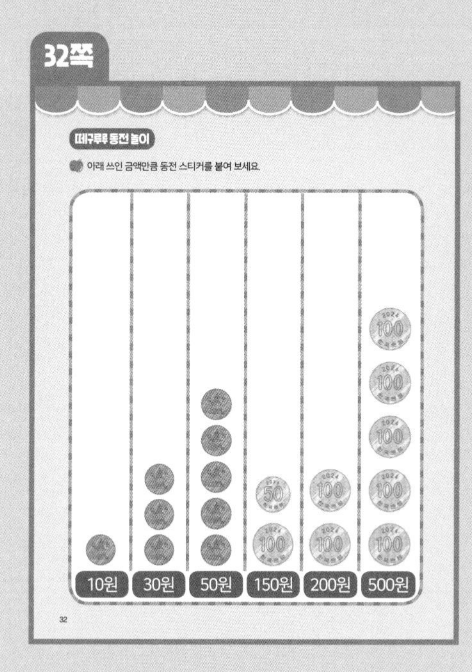
32쪽
떼구루루 동전 놀이
아래 쓰인 금액만큼 동전 스티커를 붙여 보세요.
10원
30원
50원
150원
200원
500원
32

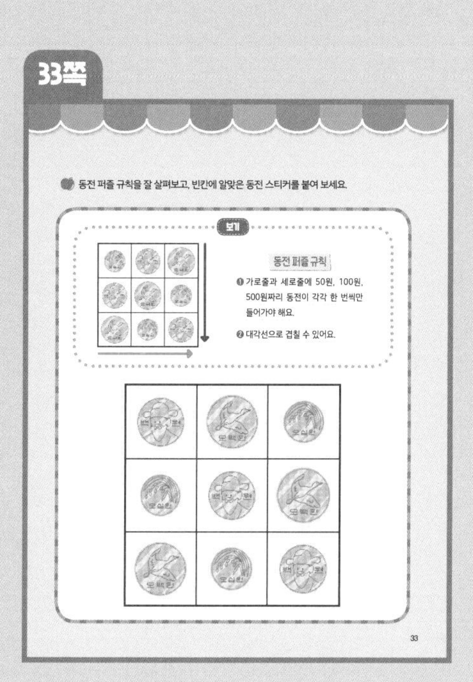
33쪽
동전 퍼즐 규칙을 잘 살펴보고, 빈칸에 알맞은 동전 스티커를 붙여 보세요.
보기
동전 퍼즐 규칙
❶ 가로줄과 세로줄에 50원, 100원, 500원짜리 동전이 각각 한 번씩만 들어가야 해요.
❷ 대각선으로 겹칠 수 있어요.
33

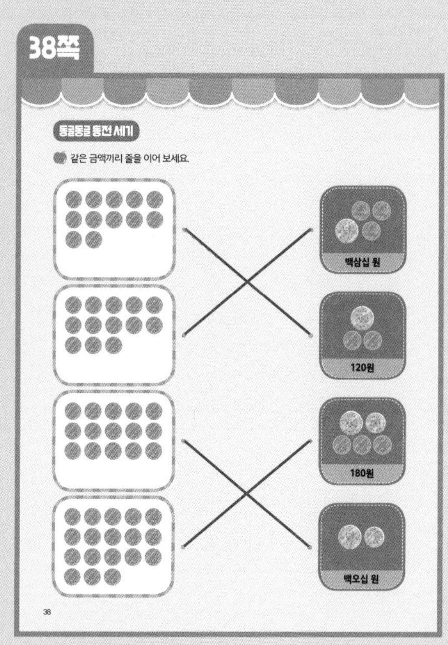
38쪽
동글동글 동전 세기
같은 금액끼리 줄을 이어 보세요.
백삼십 원
120원
180원
백오십 원
38

39쪽
자판기에 있는 주스를 마시려고 해요. 주스를 사려면 10원짜리가 몇 개 필요할까요?
주스를 사야 할 때 내는 동전 개수만큼 / 표시를 해 보세요.
MILK
130원
150원
200원
우유
주스
코코아
위의 그림을 보고 알맞은 금액에 O표 해 보세요.
우유를 사려면
130원
50원
을 내야 해요.
주스를
원짜리 동전
12
15
를 내야 해요.
39

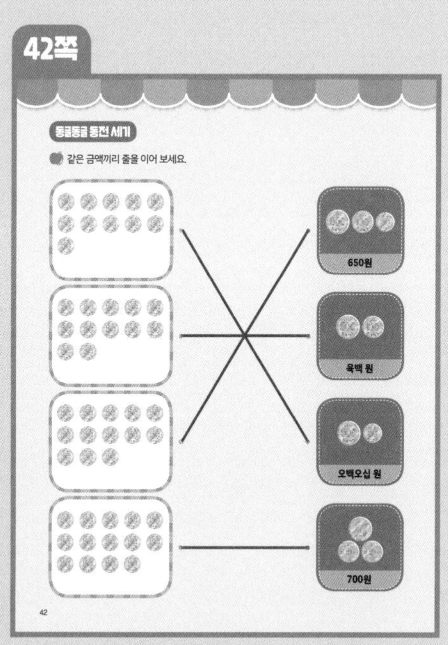
42쪽
동글동글 동전 세기
같은 금액끼리 줄을 이어 보세요.
650원
육백 원
오백오십 원
700원
42

43쪽
머리핀과 풀을 한 개씩 사려면 키오스크에 50원짜리를 몇 개 넣어야 할까요?
내야 하는 동전 개수만큼 / 표시를 해 보세요.
150원
300원
다음 글을 읽고 알맞은 답에 O표 해 보세요.
8개
9개
있어야 해요.
450원
500원
이에요.
43

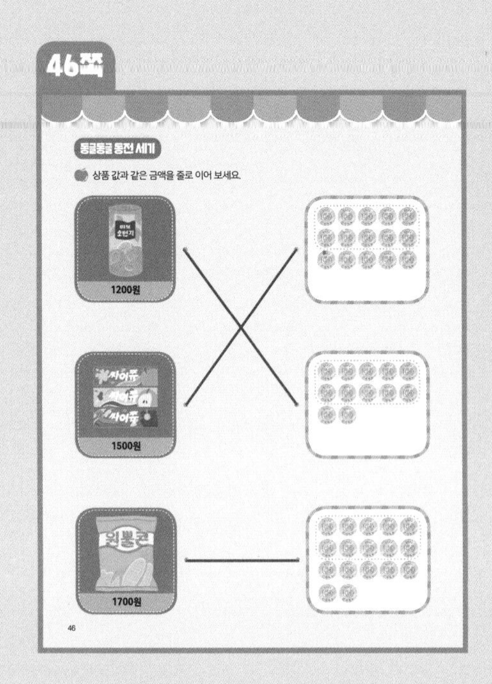
46쪽
동글동글 동전 세기
상품 값과 같은 금액을 줄로 이어 보세요.
1200원
1500원
1700원
46

47쪽
캐러멜 1개와 동그란 젤리 3개를 사려고 해요. 내야 하는 동전 개수만큼 / 표시를 해 보세요.
1개 500원
1개 300원
다음 글을 읽고 알맞은 답에 O표 해 보세요.
13개
14개
1400원
1500원
47

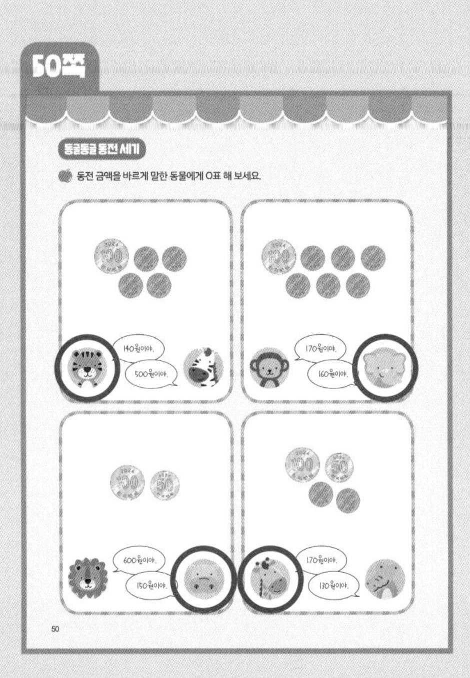
50쪽
동글동글 동전 세기
동전 금액을 바르게 말한 동물에게 O표 해 보세요.
50

51쪽
금액이 가장 큰 마카롱에 O표를 하고, 동전과 알맞게 줄을 이어 보세요.
150원
200원
250원
51

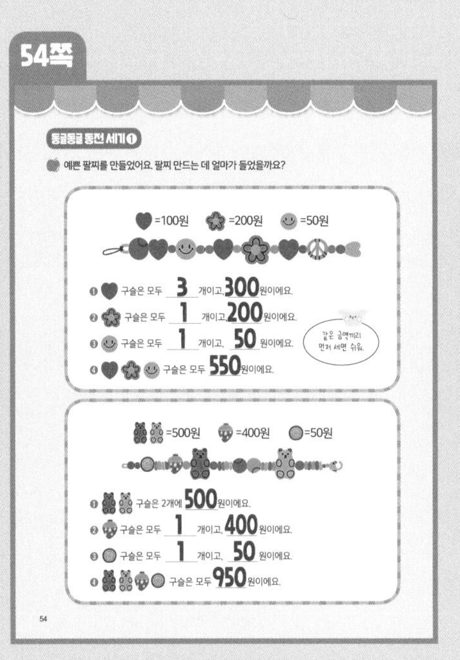
54쪽
동글동글 동전 세기 1
예쁜 팔찌를 만들었어요. 팔찌 만드는 데 얼마가 들었을까요?
=100원
=200원
=50원
구슬은 모두 3 개이고, 300 원이에요.
구슬은 모두 1 개이고, 200 원이에요.
구슬은 모두 1 개이고, 50 원이에요.
구슬은 모두 550 원이에요.
=500원
=400원
=50원
구슬은 2개에 500 원이에요.
구슬은 모두 1 개이고, 400 원이에요.
구슬은 모두 1 개이고, 50 원이에요.
구슬은 모두 950 원이에요.
54

55쪽
모두 얼마인지 써 보세요.
850
토끼가 가지고 있는 돈으로 살 수 있는 물건에 O표 해 보세요.
300원
800원
2000원
500원
1200원
750원
55

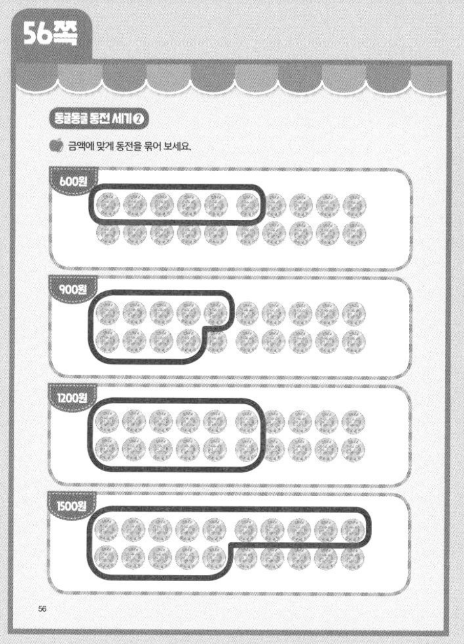

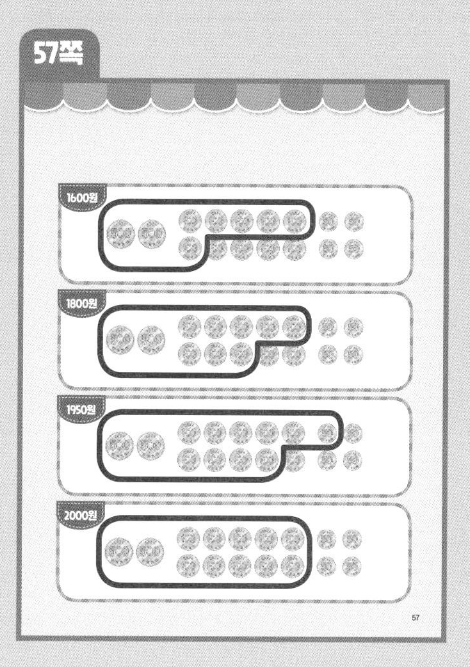

58쪽
동글동글 동전 퀴즈
100원짜리 동전 다섯 개와 같은 금액 동전으로 바꾸려고 해요. 몇 번 길로 가야 할까요?
1
2
3

*여러 가지 모양으로 묶을 수 있어요.

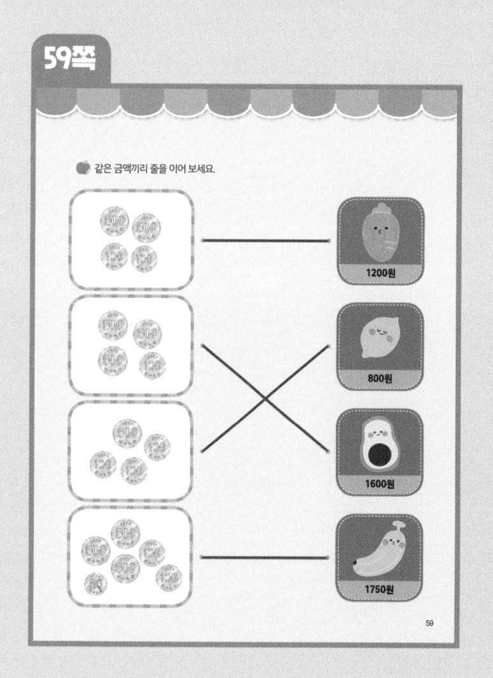

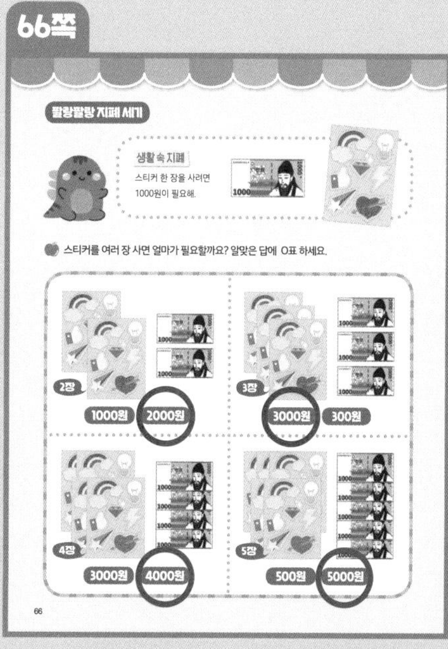

66쪽
팔랑팔랑 지폐 세기
생활 속 지폐
스티커 한 장을 사려면 1000원이 필요해.
스티커를 여러 장 사면 얼마가 필요할까요? 알맞은 답에 O표 하세요.
2장
1000원 2000원
3장
3000원 300원
4장
3000원 4000원
5장
500원 5000원

67쪽
색깔 점토 1개, 색종이 한 묶음, 비눗방울 2개, 풍선 1개를 사려고 해요. 모두 얼마가 필요할까요? 내야 하는 지폐 장수만큼 / 표시를 해 보세요.
색종이 1000원
풍선 1000원
색깔 점토 2000원
비눗방울 1000원
*가격은 한 개의 금액입니다.
다음 글을 읽고 알맞은 답에 O표 해 보세요.
5장
6장
6000원
600원
이에요.

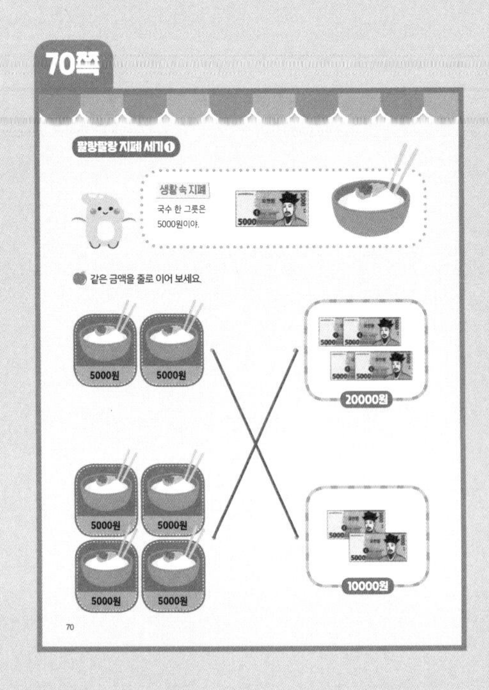
70쪽
짤랑짤랑 지폐 세기 ❶
생활 속 지폐
국수 한 그릇은 5000원이야.
같은 금액을 줄로 이어 보세요.
5000원
20000원
10000원
70

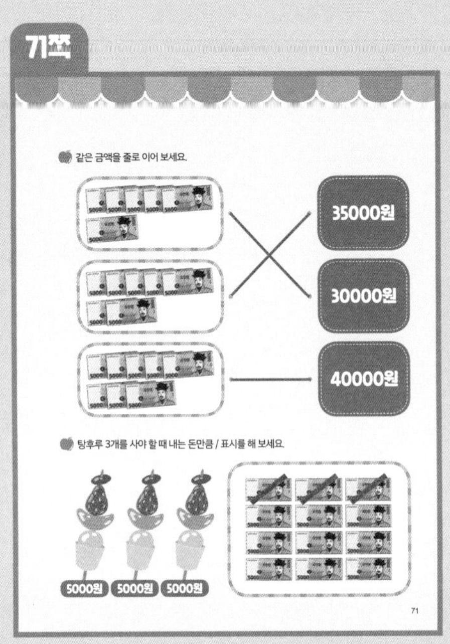
71쪽
같은 금액을 줄로 이어 보세요.
35000원
30000원
40000원
탕후루 3개를 사야 할 때 내는 돈만큼 / 표시를 해 보세요.
5000원
71

72쪽
짤랑짤랑 지폐 세기 ❷
같은 금액의 스티커를 붙여 보세요.
72

73쪽
영수증에 적힌 음식 스티커를 107쪽에서 찾아 붙여 보세요.
영 수 증
총액 5,000원
MILK
위에 있는 물건 값을 계산할 수 있는 돈에 모두 O표 해 보세요.
73

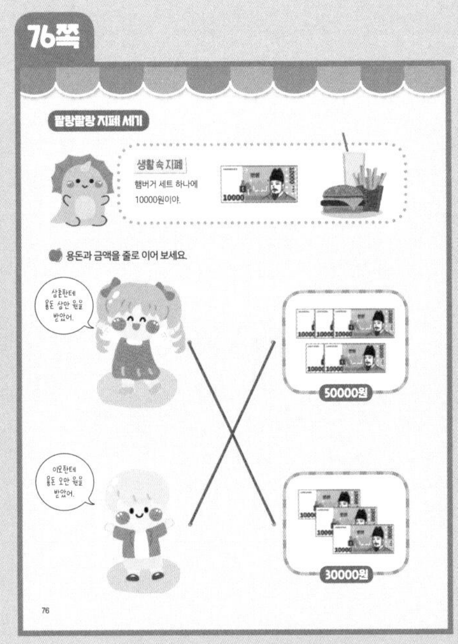
76쪽
짤랑짤랑 지폐 세기
생활 속 지폐
햄버거 세트 하나에 10000원이야.
용돈과 금액을 줄로 이어 보세요.
50000원
30000원
76

77쪽
엄마와 함께 시장에 갔어요. 귤 한 바구니와 신발 한 켤레는 얼마일까요? 금액만큼 / 표시를 해 보세요.
신발
20000원
10000원
다음 글을 읽고 알맞은 답에 O표 해 보세요.
2장
삼만 원
77

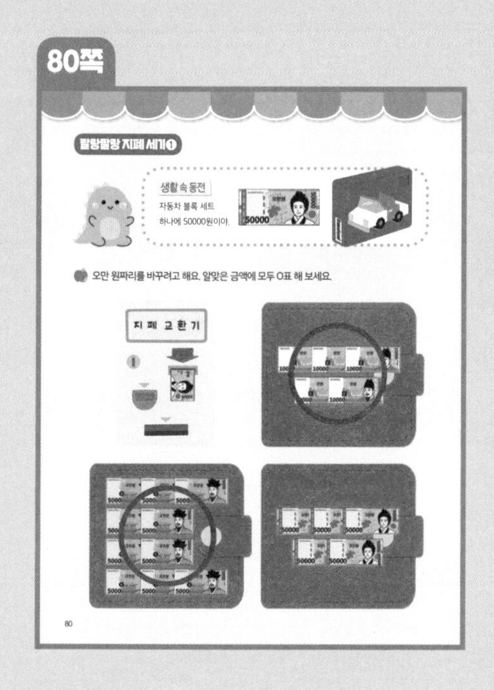

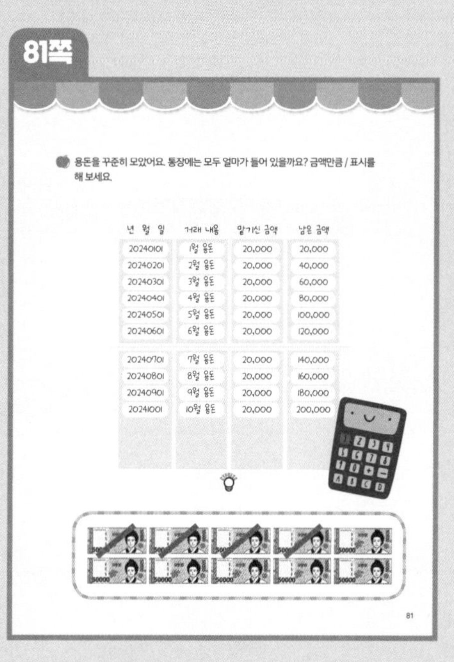

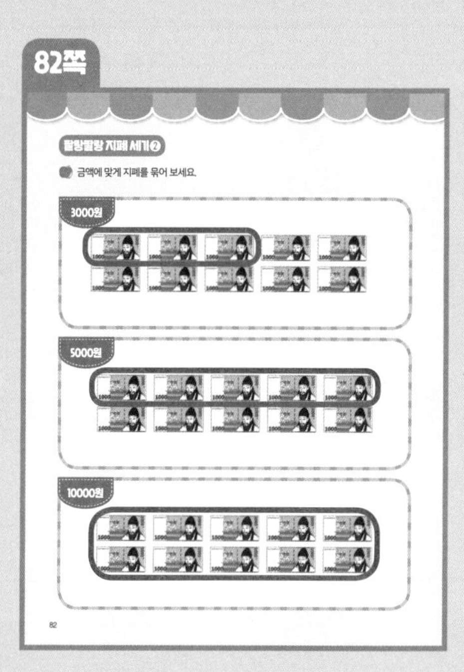

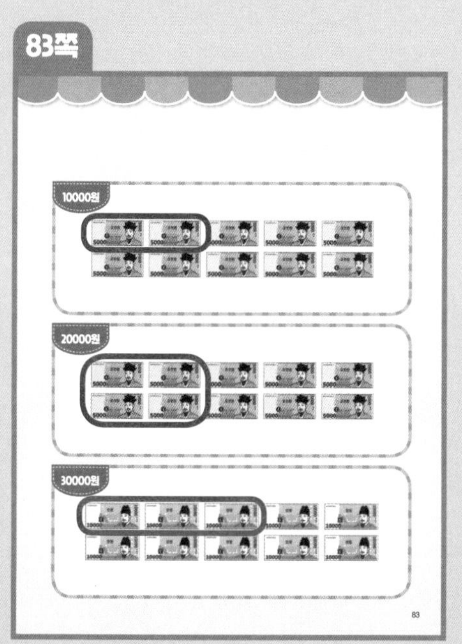

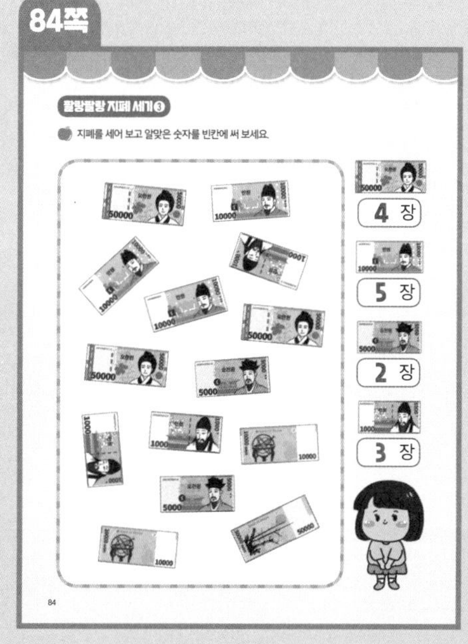

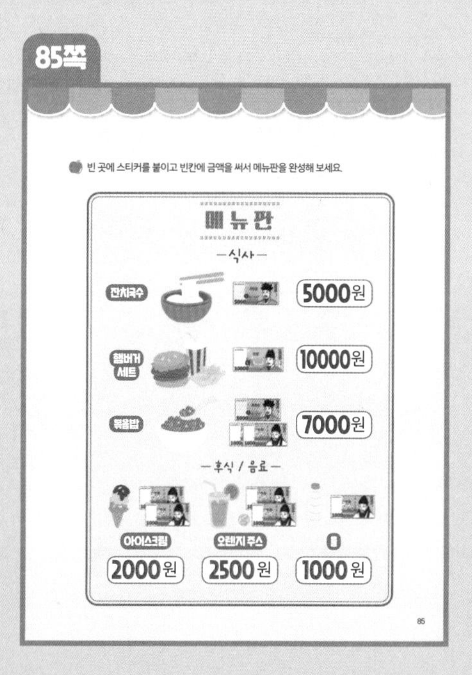

*여러 가지 모양으로 묶을 수 있어요.

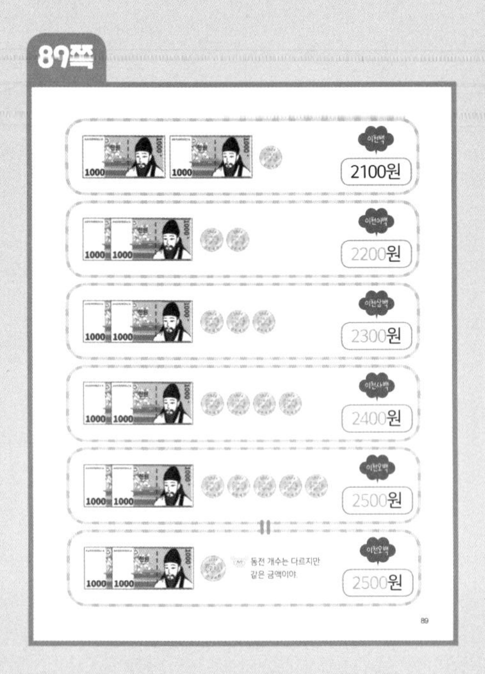
89쪽
2100원
2200원
2300원
2400원
2500원
동전 개수는 다르지만 같은 금액이야
2500원

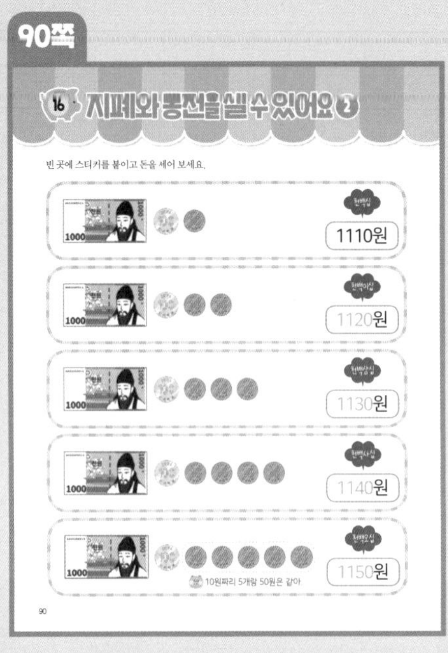
90쪽
지폐와 동전을 셀 수 있어요 2
빈 곳에 스티커를 붙이고 돈을 세어 보세요.
1110원
1120원
1130원
1140원
1150원
10원짜리 5개랑 50원은 같아

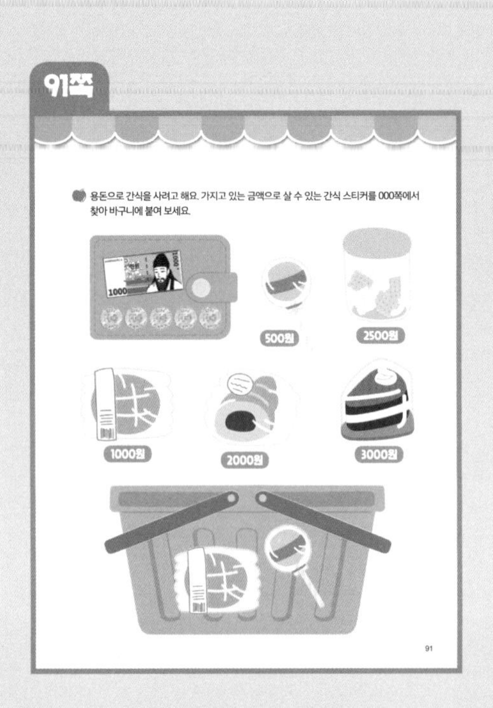
91쪽
용돈으로 간식을 사려고 해요. 가지고 있는 금액으로 살 수 있는 간식 스티커를 000쪽에서 찾아 바구니에 붙여 보세요.
500원
2500원
1000원
2000원
3000원

92쪽
지폐와 동전을 셀 수 있어요 3
빈 곳에 스티커를 붙이고 돈을 세어 보세요.
1600원
1700원
1800원
1900원
2000원
100원 짜리 5개는 500원과 같아.

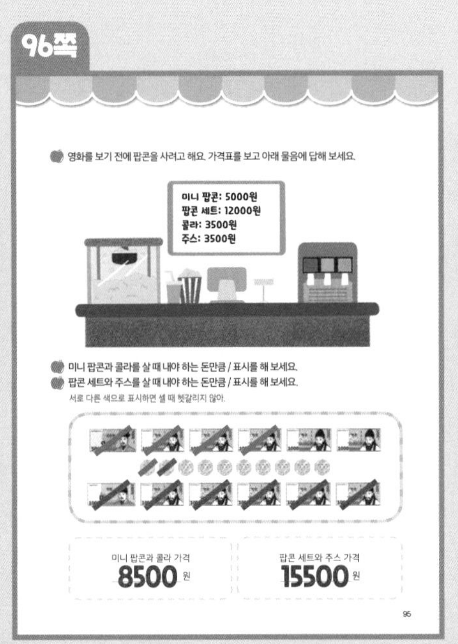
96쪽
영화를 보기 전에 팝콘을 사려고 해요. 가격표를 보고 아래 물음에 답해 보세요.
미니 팝콘: 5000원
팝콘 세트: 12000원
콜라: 3500원
주스: 3500원
미니 팝콘과 콜라를 살 때 내야 하는 돈만큼 / 표시를 해 보세요.
팝콘 세트와 주스를 살 때 내야 하는 돈만큼 / 표시를 해 보세요.
서로 다른 색으로 표시하면 셀 때 헷갈리지 않아.
미니 팝콘과 콜라 가격
8500 원
팝콘 세트와 주스 가격
15500 원

15쪽

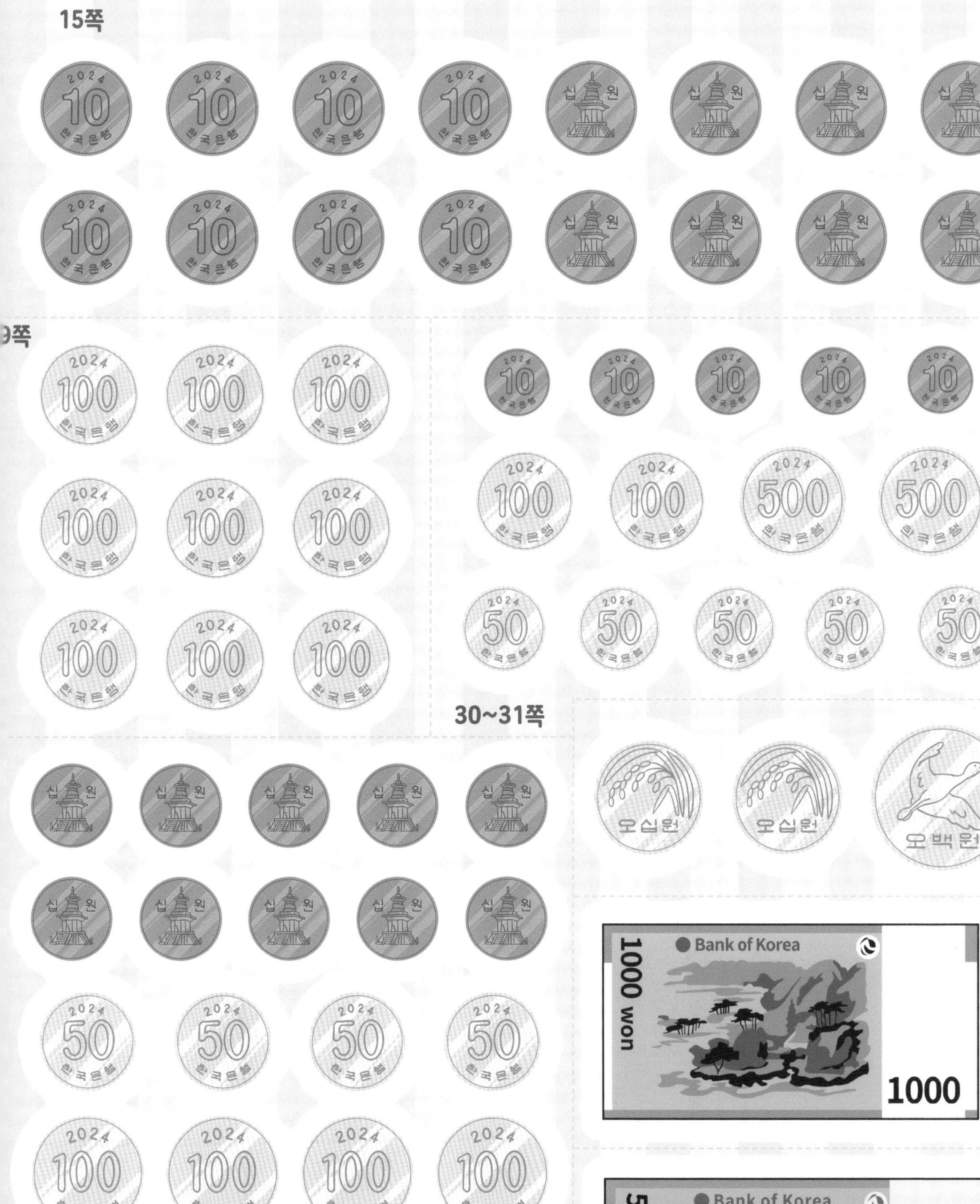

9쪽

30~31쪽

33쪽

64쪽

32쪽

68쪽

72쪽

73쪽

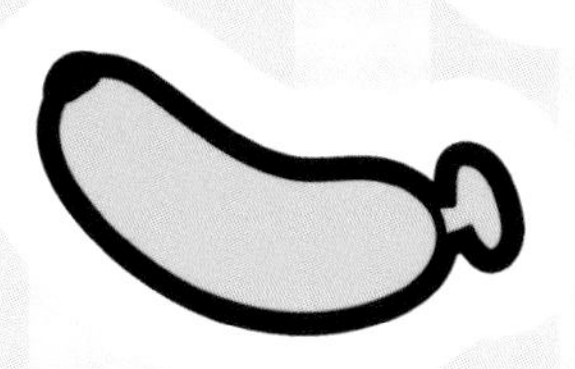

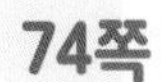

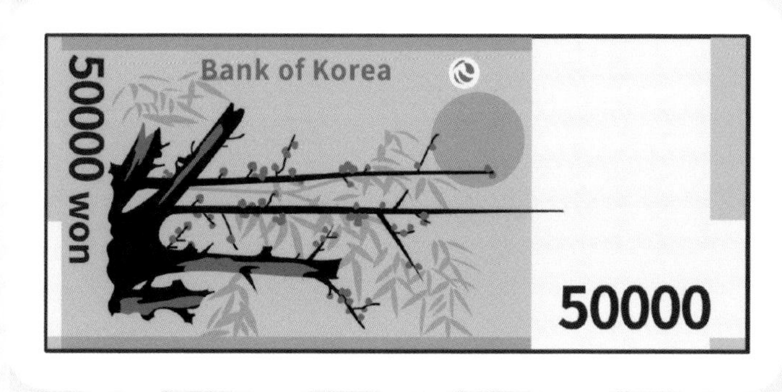

85쪽

90쪽

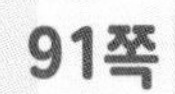

92쪽